从零开始学技能丛书

从零开始学电子元器件

快速入门

韩雪涛　主　编

吴　瑛　韩广兴　副主编

中央民族大学出版社
China Minzu University Press

本书是一本从零基础开始、系统全面地讲解电子元器件相关知识和实用技能的图书。本书以国家相关职业资格标准为指导，从初学者的实际岗位需求出发，根据电子元器件在行业一线的应用特点，将电子元器件识别、检测、应用等基础知识和实用技能提炼划分成不同模块。本书首先从最常见的检测代换设备入手，通过对万用表全面细致的介绍和演示，让读者掌握万用表的使用方法。然后，按照电子元器件的种类划分，本书全面细致地依次讲解电阻器、电容器、电感器、二极管、三极管、场效应晶体管、晶闸管、集成电路、变压器、电动机的种类、应用、识别、检测等方法和技能。书中每个模块的知识和技能都严格遵循国家职业资格标准和相关行业规范，大量的实用案例配合多媒体图解演示，让即使是零基础的初学者在学习电子元器件时也能非常轻松并快速入门，也为今后的实际工作积累经验，以利于实现从零基础起步快速入门到全面精通的技能飞跃。本书适合从事和希望从事电工电子领域相关工作的专业技术人员以及业余爱好者阅读，既可作为专业技能认证的培训教材，也可作为各职业技术院校相关专业的实习实训教材来使用。

图书在版编目（CIP）数据

从零开始学电子元器件快速入门 / 韩雪涛主编 . —北京：中央民族大学出版社，2022.9

（从零开始学技能丛书）

ISBN 978-7-5660-2101-4

Ⅰ . ①从… Ⅱ . ①韩… Ⅲ . ①电子元器件 Ⅳ . ① TN6

中国版本图书馆 CIP 数据核字（2022）第 125992 号

从零开始学电子元器件快速入门

主　　编	韩雪涛	策　　划	技高学堂	
责任编辑	杜星宇	责任校对	何晓雨	
出版发行	中央民族大学出版社			
	北京市海淀区中关村南大街27号		邮编：100081	
	电话：（010）68472815（发行部）		传真：（010）68932751（发行部）	
	（010）68932218（总编室）		（010）68932447（办公室）	
经 销 者	全国各地新华书店			
印 刷 厂	北京时尚印佳彩色印刷有限公司	开　　本	145mm×210mm　1/32	
印　　张	9.5	字　　数	300千字	
版　　次	2022年9月第1版	印　　次	2022年9月第1次印刷	
书　　号	ISBN 978-7-5660-2101-4	定　　价	49.90元	

电子元器件的基础知识和实用技能，对电工电子领域的相关工作岗位来说，是非常基础也非常重要的。随着国民经济的发展和科学技术的进步，特别是随着城乡建设步伐的加快和人们生活水平的提高，社会上每年都会涌现大量的电工电子领域的就业岗位。而无论是电子产品的生产、销售、运维，还是电工加工、安装、规划、检修，以及各种家用电器和工矿企业用电设备的维修养护，绝大部分的电工电子领域的工作岗位，都要求必须具备电子元器件相关的基础知识和实用技能。由此可见，**掌握电子元器件的基础知识和实用技能，是极其重要的**！

针对强劲的市场需求，根据工作岗位对电子元器件相关知识和技能的需要，结合初学者的学习特点，我们组织众多的具有丰富的教学经验和岗位实操经验的专家作者，专门编写了这本《从零开始学电子元器件快速入门》，以满足读者**轻松学习、快速入门**的需要，并为读者今后的实际工作积累经验，以利于实现从零基础起步快速入门到全面精通的技能飞跃。

本书定位于电工电子领域的初级和中级读者，是一本从零基础起步专门讲授电子元器件相关基础知识和实用技能的、多媒体形式的、实用型自学和培训读物。以**"知识够用、技能实用"**为编写理念，本书具有"内容精练""易学易用""视频讲解""快速入门"的鲜明特点。

内容精练就是本着实用够用的原则，将真正重要的基础知识和基本技能包含其中，按照读者的学习规律和习惯，系统全面地搭建学习电子元器件的体系架构，让读者通过学习能够最大限度掌握必备的基础知识

IV

和基本技能。

易学易用就是摒弃大段烦琐的文字叙述，而尽量采用精美的图表，让读者更容易学习和掌握知识的重点与学习的关键点，更容易学以致用。技能通过实战案例来检验，学后就能上手解决实际工作中的问题。做到书本学习与岗位实战的无缝对接，真正能够指导就业和实际工作。

视频讲解则是充分考虑了目前读者的学习方式和学习习惯，将新媒体的学习模式与传统纸质图书相结合，对于知识重点、关键点和拓展内容，都会放置相应的二维码。读者可以通过手机扫描二维码获得最便捷最直观的学习体验，尽可能地缩短学习周期。

快速入门就是通过巧妙编排的内容体系和图表详解再结合二维码的丰富表达，使读者通过以练代学、边学边练的方式，真正做到一看就懂、一学就会，实现知识和技能的快速提升，大大提高学习的效率，达到轻松学习、快速入门的效果。

需要特别说明的是，为了便于读者能够尽快融入行业、融入岗位，所以本书所选用的多为实际工作案例，其中涉及的很多电路图纸都是来自厂家的原厂图纸。为了保证学习效果，便于读者对实物和现场进行比照学习，所以书中部分图形符号和文字符号并未严格按照国家标准进行统一修改，这点请广大读者特别注意。

同时为了便于直接服务广大读者，出版单位专门设立了"技高学堂"微信公众号。读者在学习中遇到相关问题，以及获取本书赠送的相关资料，或加入由知名技术专家及广大同行组成的微信群等，都可以通过微信扫描图中的"技高学堂"微信公众号与我们联系。另外，广大读者还可以通过加入 QQ 群来获取服务和咨询相关问题，群号为 455923666（请根据加群提示进行操作）。

　　虽然专业的知识和技能我们也一直在学习和探索，但由于水平有限且编写时间仓促，书中难免会出现一些疏漏，欢迎广大读者指正，同时也期待与您的技术交流。

数码维修工程师鉴定指导中心

网址：http://www.taoo.cn

联系电话：022-83715667/13114807267

E-mail:chinadse@126.com

地址：天津市南开区榕苑路 4 号天发科技园 8-1-401

邮编：300384

编　者

目 录

P094

P102, P114

P124, P126

X

P254, P260

P270, P272, P274, P275

P281, P283, P284, P289

第1章

掌握万用表的使用方法

1.1 认识万用表

1.1.1 认识指针式万用表

指针式万用表是在电子产品的生产、调试、维修等领域中应用最广泛的仪表之一。在学习使用之前首先了解一下指针式万用表的结构和各键钮的分布特征。

图 1-1 所示为典型指针式万用表的结构和键钮分布。

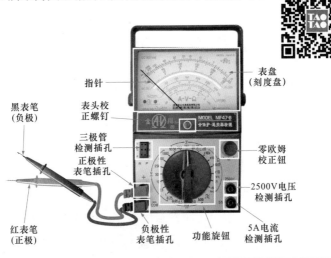

图 1-1 典型指针式万用表的结构和键钮分布

指针式万用表主要是由表盘（刻度盘）、指针、表头校正螺钉、三极管检测插孔、零欧姆校正钮、功能旋钮、表笔插孔、2500V（交／直流）电压检测插孔、5A电流检测插孔以及测试表笔（黑表笔、红表笔）等组成。

1 表盘（刻度盘）

由于指针式万用表的功能很多，因此表盘上通常有许多刻度线和刻度值。图1-2所示为典型指针式万用表的表盘（刻度盘）外形。

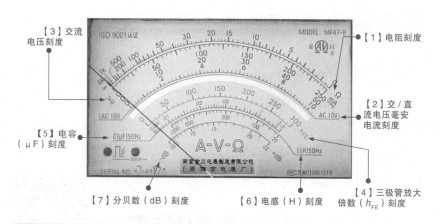

【3】交流电压刻度　　【1】电阻刻度
【2】交／直流电压毫安电流刻度
【5】电容（μF）刻度
【7】分贝数（dB）刻度　　【6】电感（H）刻度　　【4】三极管放大倍数（h_{FE}）刻度

图1-2　指针式万用表的刻度盘

刻度盘上有7条刻度线，这些刻度线是以同心的弧线方式排列的，每一条刻度线上还标识出了许多刻度值。

（1）电阻（Ω）刻度　电阻刻度位于表盘的最上面，在它的两侧有"OHMS"或"Ω"标识，而且和其他刻度线不同的是它的0位在右侧，刻度也不是均匀分布的，从右到左由稀疏变密集。

指针式万用表的最终电阻测量值为：刻度盘表盘指针读数 × 所选取的电阻测量挡的量程。例如，选取的电阻测量挡的量程为"×100"挡，指针读数为"20"，那么最终测量值就是 20 × 100 = 2000Ω。

（2）交/直流电压和小范围直流电流（$\underset{\approx}{V}$、mA）刻度　交/直流电压、小范围直流电流刻度是刻度盘的第 2 条线，在其左侧标有"mA"，右侧标有"$\underset{\approx}{V}$"，表示这两条线是测量交/直流电压和小范围直流电流时所要读取的刻度。该刻度线的 0 位在最左侧，且在这条刻度盘的下方有两排刻度值与它的刻度相对应。

指针式万用表的最终交/直流电压测量值的读取规律是：表盘指针读数 × 所选挡位量程与此表盘指针读数所在刻度线的最大数值的倍数。例如，选择的测量挡位为直流电压"25V"，指针读数为"0～250"刻度线上的刻度"150"，所以它的最终读数为：150 ×（25/250）= 15V。

（3）交流电压（AC）刻度　刻度盘的第 3 条刻度线是专门的交流电压刻度线，在该刻度线的右侧标识为"AC 10V"，表示这条线是测量交流电压时专用的读取刻度线，它的 0 位也在线的左侧。

（4）三极管放大倍数（h_{FE}）刻度　该刻度是刻度盘的第 4 条线，在右侧标有"h_{FE}"。其 0 位在刻度盘的左侧，最终的测量值为指针所指的读数。

（5）电容（μF）刻度　电容（μF）刻度是刻度盘的第 5 条线，在左侧标有"C（μF）50Hz"的标识，表示检测电容时，需要在 50Hz 交流信号的条件下进行电容器的检测，方可通过该刻度盘进行读数。其中，"（μF）"表示电容的单位为 μF。

（6）电感（H）刻度　电感（H）刻度是刻度盘的第 6 条线，在右侧标有"L（H）50Hz"的标识，表示检测电感时，需要在 50Hz 交流信号的条件下进行电感器的检测，方可通过该刻度盘进行读数。其中，"（H）"表示电感的单位为 H。

（7）分贝数（dB）刻度　分贝数刻度是表盘最下面的第 7 条线，在它的两侧都标有"dB"，刻度线两端的"-10"和"+22"表示其量程范围，主要用于测量信号的电平值（dB），适于测量放大器的增益或衰减值。

电信号在传输过程中，信号会受到损耗而衰减，而电信号经过放大器后信号也会被放大。计量传输过程中信号幅度的减小或增加的单位叫作传输单位，传输单位常用分贝表示，其符号是 dB。

在检测放大电路时，输出端应接标准负载电阻（电阻功率为 1mW、电阻值为 600Ω），若所检测放大器的输入电平为 −5dB，输出电平为 +10dB，则其增益为 15dB（分贝）。

2 表头校正螺钉

表头校正螺钉位于表盘下方的中央位置，用于进行万用表的机械调零，以确保测量的准确。图 1-3 所示为典型指针式万用表的表头校正螺钉。

正常情况下，表笔开路时指针应指在左侧 0 刻度线的位置

一字螺丝刀

如果指针不在 0 位，就必须进行机械调零

调整表头校正螺钉

图 1-3　指针式万用表的表头校正螺钉

3 零欧姆校正钮

零欧姆校正钮位于表盘下方，为了提高测量电阻的精确度，在使用指针式万用表测量电阻前要进行零欧姆校正。图 1-4 所示为典型指针式万用表的零欧姆校正。

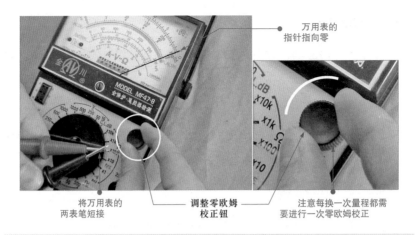

图 1-4　典型指针式万用表的零欧姆校正

4　三极管检测插孔

　　三极管检测插孔位于操作面板的右侧，它是专门用来对三极管的放大倍数（h_{FE}）进行检测的。

　　图 1-5 所示为典型指针式万用表的三极管检测插孔。端口下方标记有"N"和"P"的文字标识，这两个端口分别用于对 NPN、PNP 型三极管进行检测。

图 1-5　指针式万用表的三极管检测插孔

5 功能旋钮

指针式万用表的功能旋钮位于指针式万用表的主体位置，在其四周标有测量功能及测量范围，主要用来测量不同值的电阻、电压和电流等。

功能旋钮位于指针式万用表的主体位置（面板），通过旋转功能旋钮可选择不同的测量项目以及测量挡位。图 1-6 所示为典型指针式万用表的功能旋钮。

交流电压检测挡（V∼）

电容/电感/分贝检测挡(C.L.dB)

欧姆检测挡（Ω）

直流电压检测挡（$\underline{\underline{V}}$）

三极管放大倍数检测挡(h_{FE})

直流电流检测挡（$\underline{\underline{mA}}$）

蜂鸣挡

图 1-6 典型指针式万用表的功能旋钮

提示

1）在功能旋钮的上侧 "V" 所标识的区域为交流电压检测范围，测量交流电压时选用该挡，根据被测的电压值细分为 5 个量程：10V、50V、250V、500V、1000V。

2）左侧使用 "$\underline{\underline{V}}$" 标识的区域为直流电压检测挡，可以检测直流电压的大小。测量直流电压时选用该挡，根据被测的电压值细分为 8 个量程：0.25V、1V、2.5V、10V、50V、250V、500V、1000V。

3）最下侧使用"<u>mA</u>"标识的区域则为直流电流检测挡，根据被测的电流值细分为 5 个量程：0.05mA、0.5mA、5mA、50mA、500mA。

4）右下侧为蜂鸣挡，一般检测导线通断或二极管时选用该挡。

5）右侧为三极管放大倍数检测挡（h_{FE}），测量三极管放大倍数时选用该挡。

6）右侧为欧姆检测挡（Ω）：测量电阻时选用该挡，根据被测的电阻值细分为 5 个量程：×1、×10、×100、×1k、×10k。

7）右上侧"C.L.dB"表示的为电容 / 电感 / 分贝检测挡，测量电容量、电感量、分贝数时选用该挡。

6 表笔插孔

通常在指针式万用表的操作面板下面有 2 ～ 4 个插孔（根据万用表型号的不同，表笔插孔的数量及位置都不尽相同），用来与表笔相连。万用表的每个插孔都用文字或符号进行标识，图 1-7 所示为典型指针式万用表的表笔插孔。

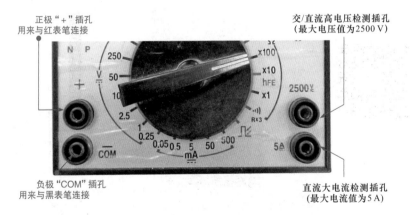

正极"+"插孔
用来与红表笔连接

交/直流高电压检测插孔
（最大电压值为2500 V）

负极"COM"插孔
用来与黑表笔连接

直流大电流检测插孔
（最大电流值为5 A）

图 1-7　典型指针式万用表的表笔插孔

7 测试表笔

指针式万用表的测试表笔分别使用红色和黑色标识，一般称为红表笔和黑表笔，用于待测电路或元器件与万用表之间的连接。

1.1.2 认识数字式万用表

数字式万用表作为最常见的仪表之一，其使用领域与指针式万用表类似，但其外观、结构与指针式万用表有一定的差异。目前，数字式万用表因其操作简便性和测量结果的直观性，已逐渐在维修、测量等相关领域占据越来越重要的地位。

不同数字式万用表可以检测的项目略有不同，但其结构组成基本相同，下面以典型数字式万用表为例介绍其结构。

数字式万用表的功能有很多，在检测中其功能主要是通过调节不同的功能挡位来实现的，因此在使用数字式万用表前应熟悉万用表的键钮分布以及各个键钮的功能。图 1-8 所示为典型数字式万用表的键钮分布。

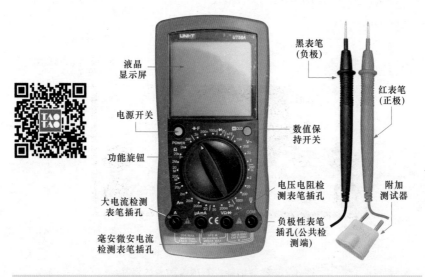

图 1-8 典型数字式万用表的键钮分布

1 液晶显示屏

液晶显示屏用于显示当前测量状态和最终测量数值，由于数字式万用表的功能很多，因此液晶显示屏上有许多的标识。

图 1-9 所示为典型数字式万用表的液晶显示屏,它可以显示检测数据、数据单位、表笔插孔指示、安全警告提示等信息。

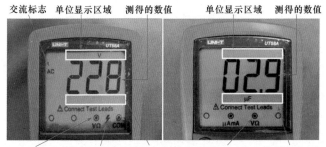

图 1-9 典型数字式万用表的液晶显示屏

2 功能旋钮

功能旋钮位于数字式万用表的主体位置(面板),通过旋转功能旋钮可选择不同的测量项目以及测量挡位。

图 1-10 所示为典型数字式万用表的功能旋钮。在它的圆周上有万用表多种测量功能的标识,测量时仅需要旋动中间的功能旋钮,使其指示到相应的挡位,即可进入相应的状态进行测量。

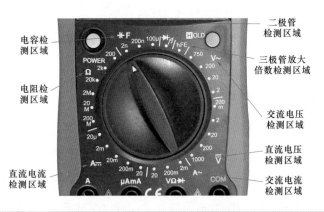

图 1-10 典型数字式万用表的功能旋钮

提示

　　数字式万用表的功能旋钮和指针式万用表的功能旋钮均设置有电压挡、电流挡、电阻挡等数据测量挡位，但在实际使用中，数字式万用表的电阻挡位与指针式万用表是不同的，如图 1-11 所示。从图中可以看出，指针式万用表的电阻挡位为 "×1"、"×10"、"×100"、"×1k"、"×10k"，数字式万用表的电阻挡位为 "200"、"2k"、"20k"、"2M"、"20M"、"200M"，因此计算方法也不相同。

　　1）使用指针式万用表测量电阻值时，最终结果为指针指示的数值 × 挡位值。例如，万用表测量时，使用 "×10" 欧姆挡，指针读数为 "7.5"，则最终结果为 $7.5 \times 10 = 75\,\Omega$。

　　2）使用数字式万用表测量电阻值时，最终结果即为显示屏显示的数值。例如，实测电阻器电阻值时，数字式万用表显示数值为 "182.6"，单位为 "kΩ"，则最终结果为 182.6kΩ。

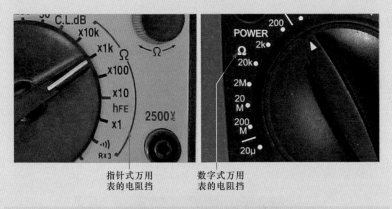

指针式万用
表的电阻挡　　　　数字式万用
　　　　　　　表的电阻挡

图 1-11　数字式万用表与指针式万用表的电阻挡位

3　电源开关和数据保持开关

　　电源开关上通常有 "POWER" 标识，用于接通或关断数字式万用表的供电电源。在万用表使用完毕后应关断其供电电源，以节约能源。

　　另外，大多数字式万用表通常有一个数值保持开关，英文标识为 "HOLD"。在检测时按下数值保持开关，可以在显示屏上保持所检测的数据，方便使用者读取记录数据。

图 1-12 所示为典型数字式万用表的电源开关和数据保持开关。

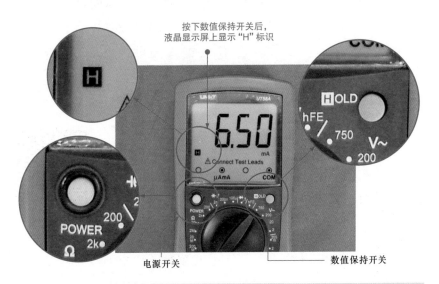

图 1-12　典型数字式万用表的电源开关和数据保持开关

4　表笔插孔

通常在数字式万用表的操作面板下面有 2 ~ 4 个插孔（根据万用表型号的不同，表笔插孔的数量及位置都不尽相同），用来与表笔相连。万用表的每个插孔都用文字或符号进行标识。图 1-13 所示为典型数字式万用表的表笔插孔。

红表笔连接测试插孔，如测量电流时红表笔连接 A 插孔或 μAmA 插孔，测量电阻或电压时红表笔连接 VΩ 插孔，黑表笔连接接地端。在测量电容量、电感量或三极管放大倍数时，附加测试器的插头连接 μAmA 和 VΩ 插孔。

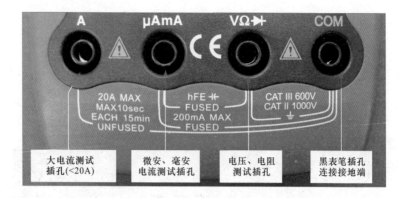

大电流测试
插孔(<20A)　　微安、毫安
电流测试插孔　　电压、电阻
测试插孔　　黑表笔插孔
连接接地端

图 1-13　典型数字式万用表的表笔插孔

5　附加测试器

　　数字式万用表配有一个附加测试器，其上设有插接元器件的插孔，主要用来代替表笔检测待测元器件。检测时将附加测试器的正极（＋）插脚插接在万用表的正极性插孔中，负极（－）插脚插接在万用表的负极性插孔中。图 1-14 所示为另一种数字式万用表的附加测试器。

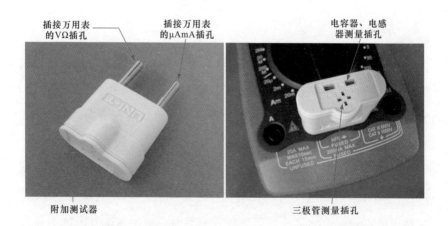

插接万用表
的VΩ插孔　　插接万用表
的μAmA插孔　　电容器、电感
器测量插孔

附加测试器　　三极管测量插孔

图 1-14　另一种数字式万用表的附加测试器

提示

　　数字式万用表中的附加测试器主要用来检测三极管的放大倍数、电容器或电感器的参数。检测时按照万用表的提示将附加测试器插接在万用表的 μAmA 插孔和 VΩ 插孔上，再将三极管、电容器或电感器插接在附加测试器的插孔上即可。

6　测试表笔

　　数字式万用表的测试表笔分别使用红色和黑色标识，一般称为红表笔和黑表笔，用于待测电路或元器件与万用表之间的连接。

1.2　练习使用万用表

1.2.1　练习使用指针式万用表

1　使用指针式万用表检测电阻值的操作方法

　　在使用指针式万用表对电子元器件进行检测时，检测电阻值是最常用、最主要的检测方法。

　　下面以检测电阻器的电阻值为例进行介绍。使用指针式万用表检测电子元器件（以电阻器为例）电阻值的操作方法如图 1-15 所示。

【1】连接表笔，将黑表笔插到 "COM" 插孔中，红表笔插到 "＋" 插孔中　　【2】使用一字螺丝刀对万用表表头校正，使指针式万用表开路时指针指在左侧零刻度线上

一字螺丝刀

图 1-15　使用指针式万用表检测电子元器件电阻值的操作方法

【3】识读待测电阻器的标称
阻值：33Ω±5%

【4】根据待测电阻器的阻值将万用
表的量程调整至"×1"欧姆挡

若无法获知待测元器件的标称阻值，
可先使用较大量程测试，在估计出待测
元器件的阻值范围后，再选用合适的量程

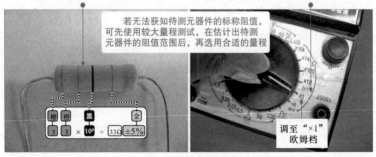

调至"×1"
欧姆挡

【5】对万用表
进行零欧姆校正操作

万用表测电阻器的电
阻值时无须区分正负极

【6】将万用表的两只表
笔分别搭在待测电阻器的两端

指针对齐右
侧零刻度线

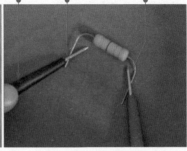

【7】读取指针所指示的测量结果，根据
欧姆挡位的量程，该待测元器件的阻值应为
33（指针指示结果）×1Ω（量程）=33Ω

【8】将实测结果与
标称值相比较，即可判
断出所测电阻器的好坏

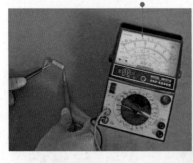

图1-15　使用指针式万用表检测电子元器件电阻值的操作方法（续）

2　使用指针式万用表检测电压值的操作方法

在对电子元器件进行检测时，使用指针式万用表可以检测各种电子元器件的工作电压，以此作为判断电子元器件是否正常工作的重要依据。

　　使用指针式万用表检测电子元器件（以集成电路为例）直流电压值的操作方法如图 1-16 所示。

【1】检测之前，首先估测待测元器件工作电压的大小，根据估测数值，选择万用表的测量挡位

【2】找到待测元器件的接地引脚，或工作环境中的接地点，首先将黑表笔搭在接地引脚（或接地点）上

接地引脚

黑表笔

【3】找到待测元器件的供电引脚，将万用表的红表笔搭在该引脚上，测量直流供电电压值

识读电压值时无须再乘以量程挡位值，直接读取即可

【4】读取数值，指针式万用表表盘上显示的数值即为该待测元器件的工作电压值（实测为 5V）

供电引脚

红表笔

黑表笔

图 1-16　使用指针式万用表检测电子元器件直流电压值的操作方法

1.2.2　练习使用数字式万用表

1　数字式万用表测量电阻值的方法

　　数字式万用表检测电阻值的方法很简单，与指针式万用表不同，不需要进行表头校正和零欧姆校正，调整挡位后直接进行检测即可。

使用数字式万用表检测电子元器件（以电阻器为例）电阻值的操作方法如图 1-17 所示。

【1】打开数字式万用表的电源开关

【2】连接表笔，将黑表笔插到 "COM" 插孔中，红表笔插到测试插孔中

【3】识读待测电阻器的标称阻值 33Ω ±5%

【4】根据待测电阻器的阻值将万用表的量程调整至大于且最接近标称值的欧姆挡位

若无法获知待测元器件的标称阻值，可先用较大量程测试估计出待测元器件的阻值范围后，再使用合适量程检测

【5】将万用表的两只表笔分别搭在待测电阻器的两端

万用表测电阻器的电阻值时无须区分正负极

【6】直接读取液晶显示屏显示的测量结果，根据欧姆挡位的量程，该待测元器件的实测阻值为 33.2Ω

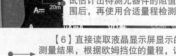

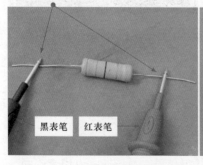

黑表笔　　　红表笔

图 1-17　使用数字式万用表检测电子元器件电阻值的操作方法

2 数字式万用表测量电压值的方法

　　在对电子元器件进行检测时，使用数字式万用表可以检测各种电子元器件的工作电压。并且与指针式万用表不同的是，数字式万用表显示更加直观，读数更加简单。

　　使用数字式万用表检测二极管的正向导通时的管压降，可以判别二极管的性能，其操作方法如图 1-18 所示。

【1】根据待测元器件电压参数值的大小，选择合适的直流电压测量挡位

将万用表调至直流电压挡，液晶屏显示 V 标记

显示表笔插孔位置

【2】将黑表笔搭在晶体二极管的负极引脚端

【3】将万用表的红表笔搭在晶体二极管的正极引脚端，检测晶体二极管的正向导通电压

【4】测得正向导通电压为 0.513V

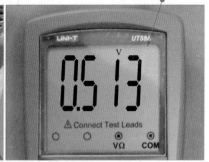

图 1-18　使用数字式万用表检测电子元器件直流电压值的操作方法

第 2 章

认识电阻器

2.1 了解电阻器的功能特点

2.1.1 了解电阻器的功能

物体对电流通过会产生阻碍作用,利用这种阻碍作用制成的电子元器件称为电阻器,简称"电阻"。

电阻器在电子产品中的应用十分广泛,它的电路符号是"—▭—",用字母"R"表示。

图 2-1 所示为典型电阻器的结构示意图。电阻器主要是由具有一定阻值的材料制成的,外部有绝缘层包裹。电阻器两端的引线用来与电路板进行焊接。为了便于识别,在绝缘层上标注了该电阻器的阻值。电阻器阻值的标注方法有直标法和色环标注法两种,图 2-1 中所示的电阻器采用的就是色环标注法。

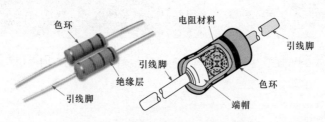

图 2-1 典型电阻器的结构示意图

电阻器利用其自身对电流的阻碍作用，具有限流功能，可为其他电子元器件提供所需的电流；电阻器也可以组成分压电路，为其他电子元器件提供所需的电压；此外，电阻器也可以与电容器组合构成滤波电路，以减少供电电压的波动。

1 限流功能

阻碍电流的流动是电阻器最基本的功能，因而电阻器常用作限流器件，如图 2-2 所示。根据欧姆定律，当电阻器两端的电压固定时，电阻值越大，流过它的电流则越小。

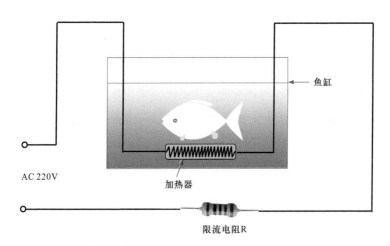

AC 220V

鱼缸

加热器

限流电阻R

图 2-2   电阻器在限流电路中的应用

提示

图 2-2 中在鱼缸加热器的供电电路中串联一个电阻器，可以起到限制电流的作用，防止鱼缸加热器的电流过大而损坏。

欧姆定律表示了电压（E）与电流（I）及电阻（R）之间的关系。欧姆定律可定义如下：电路中的电流（I）与电路中的电压（E）成正比，与电阻（R）成反比。

图 2-3 中的电路明确地表示出了电压与电流的关系。3 个电路中的电阻器相同（10Ω）。注意，当电路中电压增大或减小（30V 或 10V）时，电流值也按照同样比例增大或减小（从 3A 变为 1A）。所以流过电阻的电流与电阻两端的电压成正比。

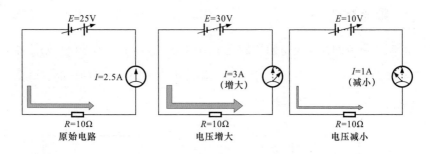

图 2-3　电压变化对电流的影响

如果电路中加到电阻两端的电压保持不变，电流将随电阻的改变而改变，只是成反比例变化，如图 2-4 所示。3 个电路的电压相同（25V），当电阻从 10Ω 增大到 20Ω 时，电流从 2.5A 减小到 1.25A；当电阻从 10Ω 减小到 5Ω 时，电流从 2.5A 增大到 5A，所以电流与电阻成反比。

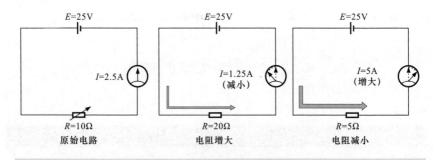

图 2-4　电阻变化对电流的影响

2　分压功能

电流流过电阻器会在电阻上产生电压降，将电阻器串联起来接在电路中就可以组成分压电路，为其他电子元件提供所需要的电压。如图 2-5 所示，将两个电阻串联起来组成分压电路，为晶体三极管的基极提供偏压，其集电极上接电阻作为负载电阻，发射极接电阻作为限流电阻，放大器中的这些电阻使晶体三极管工作在线性放大状态。

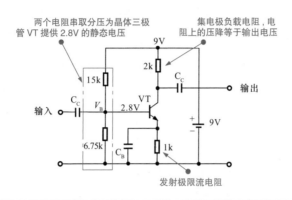

图 2-5　电阻分压电路为晶体三极管基极提供电压

提示

该电路的电源供电电压是 9V，放大器中晶体三极管的基极需要一个 2.8V 的电压，用两个电阻串联就很容易获得这个电压。

2.1.2　识读电阻器的参数

1　电阻器的主要参数

电阻器在电路中用字母"R"表示。电阻的度量单位是欧姆，用字母"Ω"表示。并且规定电阻两端加 1 伏特（V）电压，通过它的电流为 1 安培（A）时，该电阻器的阻值为 1 欧姆（记为 1Ω）。实际应用中还有千欧（用"kΩ"表示）单位和兆欧（用"MΩ"表示）单位，它们之间的换算关系是：$1M\Omega=10^3k\Omega=10^6\Omega$。

电阻的主要参数有标称阻值、允许偏差（阻值误差）及额定功率等。

（1）标称阻值　标称阻值是指电阻体表面上标识的电阻值，其单位为 Ω（对热敏电阻器，则指 25℃时的阻值）。

（2）允许偏差　电阻器的允许偏差是指电阻器的实际阻值对于标称阻值所允许的最大偏差范围，它标志着电阻器的阻值精度。

（3）额定功率　额定功率是指电阻器在直流或交流电路中，当在一定大气压下（87～107kPa）和在产品标准中规定的温度下（-55℃～125℃），长期连续工作所允许承受的最大功率。

（4）温度系数　电阻器的温度系数是表示电阻器热稳定性随温度变化的物理量。电阻器温度系数越大，其热稳定性越差。温度系数用 a_T 表示，它表示温度每升高 1℃电阻值的相对变化量，即

$$\alpha_T = \frac{R_T - R_0}{R_0(T - T_0)} \times 10^{-6}$$

式中，R_0 为常温下的电阻，R_T 为温度变化后的阻值，T_0 为常温温度值（20℃～25℃），T 为变化后的温度值。

（5）电压系数　电阻器的阻值与其所加的电压有关，这种关系可以用电压系数（K_V）表示出来。电压系数是指外加电压每改变 1V 时电阻器的阻值相对变化量，即

$$K_V = \frac{R_2 - R_1}{R_1(U_2 - U_1)} \times 100\%$$

式中，U_2、U_1 为外加电压（V），R_2、R_1 分别为 U_2 和 U_1 相应的电阻值（Ω）。

电压系数表示了电阻器对外加电压的稳定程度。电压系数越大，电

阻器的阻值对电压的依赖性越强；反之则弱。

（6）最大工作电压　电阻器的最大工作电压是指电阻器长期工作不发生过热或电击穿损坏等现象的电压。从电阻器的发热状态来考虑，允许加到电阻器两端的最大电压数值等于它的额定电压 $V_额$，即

$$V_额 = \sqrt{P_额 R_额}$$

式中，$P_额$ 为额定功率（W），$R_额$ 为标称阻值（Ω）。

（7）老化系数　老化系数是指电阻器在额定功率长期负荷下，阻值相对变化的百分数，它是表示电阻器寿命长短的参数。

（8）噪声　噪声是指产生于电阻器中的一种不规则的电压起伏，包括热噪声和电流噪声两部分。其中，热噪声即为由于导体内部不规则的电子自由运动，使导体任意两点的电压不规则变化。

2　电阻器色环标识的参数识读

色环电阻器采用色环的方式标注电阻器的阻值。常见的色环标注有四环标识法和五环标识法两种。

（1）四环标识法　四环标识法是在电阻器表面用 4 个不同颜色的色环来标识电阻器的阻值，其各色环的含义如图 2-6 所示。

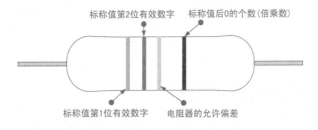

图 2-6　四环标识法各色环的含义

（2）五环标识法　五环标识法是在电阻器表面用 5 个不同颜色的色

环来标识电阻器的阻值，其各色环的含义如图 2-7 所示。

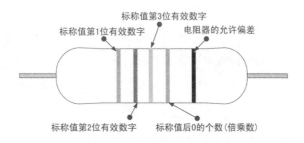

图 2-7　五环标识法各色环的含义

提示

不同色环颜色代表不同的数值，具体色环颜色代表含义参见表 2-1。

表 2-1　不同颜色、不同位置的色环表示含义

色环颜色	色环所处的排列位			色环颜色	色环所处的排列位		
	有效数字	倍乘数	允许偏差		有效数字	倍乘数	允许偏差
银色	—	10^{-2}	±10%	绿色	5	10^5	±0.5%
金色	—	10^{-1}	±5%	蓝色	6	10^6	±0.25%
黑色	0	10^0	—	紫色	7	10^7	±0.1%
棕色	1	10^1	±1%	灰色	8	10^8	—
红色	2	10^2	±2%	白色	9	10^9	—
橙色	3	10^3	—	无色	—	—	±20%
黄色	4	10^4	—				

3　电阻器直标参数的识读

直标参数是电阻器的参数信息通过一些代码符号的形式，直接标注在电阻器的表面。通常，直标法可以细分成 3 种：第 1 种是采用"数字＋字母＋数字"的组合标注形式，第 2 种是采用"数字＋数字"直接

标注的形式,第 3 种是采用"数字 + 字母"的组合标注形式。

(1)"数字 + 字母 + 数字"组合标注形式 "数字 + 字母 + 数字"组合标注形式中各位表示的含义如图 2-8 所示。

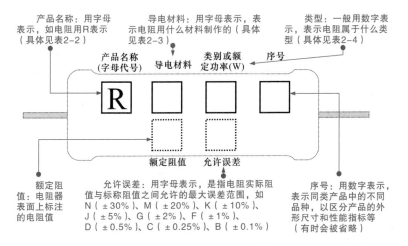

图 2-8 "数字 + 字母 + 数字"组合标注形式中各位表示的含义

提示

"数字 + 字母 + 数字"组合标注形式中,电阻器的字母代号所对应的名称见表 2-2。

表 2-2 电阻器主称部分符号、意义对照表

符号	意义	符号	意义
R	普通电阻	MS	湿敏电阻
MY	压敏电阻	MQ	气敏电阻
MZ	正温度系数热敏电阻	MC	磁敏电阻
MF	负温度系数热敏电阻	ML	力敏电阻
MG	光敏电阻		

"数字 + 字母 + 数字"组合标注形式中，电阻器导电材料符号、意义见表 2-3。

表 2-3　电阻材料的符号、意义对照表

符号	意义	符号	意义
H	合成碳膜	S	有机实芯
I	玻璃釉膜	T	碳膜
J	金属膜	X	线绕
N	无机实芯	Y	氧化膜
G	沉积膜	F	复合膜

"数字 + 字母 + 数字"组合标注形式中，电阻器类别符号、意义对照见表 2-4。

表 2-4　电阻器类别符号、意义对照表

符号	意义	符号	意义
1	普通	G	高功率
2	普通或阻燃	L	测量
3	超高频	T	可调
4	高阻	X	小型
5	高温	C	防潮
7	精密	Y	被釉
8	高压	B	不燃性
9	特殊（如熔断型等）		

（2）"数字 + 数字"直接标注形式　"数字 + 数字"直接标注形式中各位表示的含义如图 2-9 所示，这种标注形式通常用于贴片式普通电阻器中。

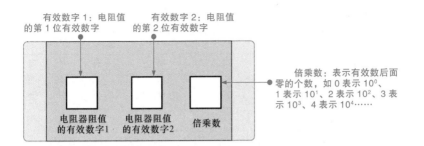

图 2-9 "数字 + 数字"直接标注形式中各位表示的含义

027

（3）"数字 + 字母"组合标注形式 "数字 + 字母"组合标注形式中各位表示的含义如图 2-10 所示。

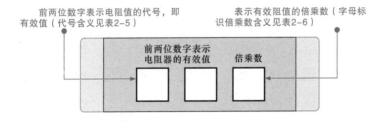

图 2-10 "数字 + 字母"组合标注形式中各位表示的含义

提示

注意：该标识方法为一种数字和字母混合标记的方法，即电阻器表面的标识既有数字又有字母，多用于贴片式电阻器中。

"数字 + 字母"组合标注形式中，数字代号表示有效数字的含义见表 2-5。

表 2-5 "数字 + 字母"直标法中代号标识含义

代码	有效值	代码	有效值	代码	有效值	代码	有效值	代码	有效值	代码	有效值
01	100	17	147	33	215	49	316	65	464	81	681
02	102	18	150	34	221	50	324	66	475	82	698
03	105	19	154	35	226	51	332	67	487	83	715
04	107	20	158	36	232	52	340	68	499	84	732
05	110	21	162	37	237	53	348	69	511	85	750
06	113	22	165	38	243	54	357	70	523	86	768
07	115	23	169	39	249	55	365	71	536	87	787
08	118	24	174	40	255	56	374	72	549	88	806
09	121	25	178	41	261	57	383	73	562	89	852
10	124	26	182	42	267	58	392	74	576	90	845
11	127	27	187	43	274	59	402	75	590	91	866
12	130	28	191	44	280	60	412	76	604	92	887
13	133	29	196	45	287	61	422	77	619	93	909
14	137	30	200	46	294	62	432	78	634	94	931
15	140	31	205	47	301	63	442	79	649	95	953
16	143	32	210	48	309	64	453	80	665	96	976

"数字 + 字母"组合标注形式中，字母与倍乘数的对应关系见表 2-6。

表 2-6 字母与倍乘的对应关系

代码字母	A	B	C	D	E	F
倍乘	10^0	10^1	10^2	10^3	10^4	10^5
代码字母	G	H	X	Y	Z	
倍乘	10^6	10^7	10^{-1}	10^{-2}	10^{-3}	

2.2 认识常用电阻器

2.2.1 普通电阻器

普通电阻器是一种阻值固定的电阻器。依据制造工艺和功能的不同，常见的普通电阻器有碳膜电阻器、金属膜电阻器、金属氧化膜电阻器、合成碳膜电阻器、熔断电阻器、玻璃釉电阻器、水泥电阻器、排电阻器、贴片式电阻器及熔断器等。

1 碳膜电阻器

碳膜电阻器是将碳在真空高温条件下分解的结晶碳蒸镀沉积在陶瓷骨架上制成的，如图 2-11 所示。这种电阻器的电压稳定性好、造价低，在普通电子产品中应用非常广泛。

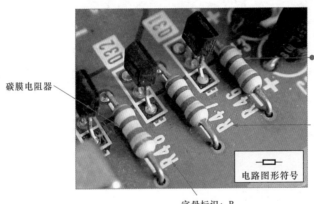

碳膜电阻器

碳膜电阻器多用色环法标注阻值，色环的颜色不同、位数不同，所代表的阻值也不同

字母标识：R

电路图形符号

字母标识：R

图 2-11 碳膜电阻器的实物外形

2 金属膜电阻器

金属膜电阻器是将金属或合金材料在真空高温的条件下加热蒸发沉积在陶瓷骨架上制成的电阻。图 2-12 所示为金属膜电阻器的实物外形。

提示

这种电阻器的阻值采用色环标注的方法，具有较好的耐高温性能，且具有温度系数小、热稳定性好、噪声小等优点。与碳膜电阻器相比，金属膜电阻器体积更小，但价格也较高。

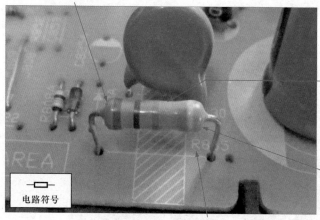

金属膜电阻器

金属膜电阻器外壳通常比较平滑有光泽

电路符号

字母标识：R

金属膜电阻器也大都采用色环法标注阻值

图 2-12　金属膜电阻器的实物外形

3　金属氧化膜电阻器

金属氧化膜电阻器用字母 RY 表示，它是将锡和锑的金属盐溶液进行高温喷雾沉积在陶瓷骨架上制成的。这种电阻器比金属膜电阻器更为优越，具有抗氧化、耐酸、抗高温等特点。图 2-13 所示为金属氧化膜电阻器的实物外形。

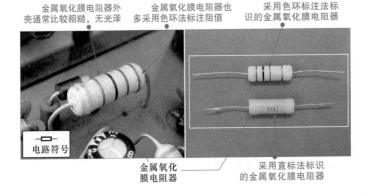

金属氧化膜电阻器外壳通常比较粗糙，无光泽

金属氧化膜电阻器也多采用色环法标注阻值

采用色环标注法标识的金属氧化膜电阻器

电路符号

金属氧化膜电阻器

采用直标法标识的金属氧化膜电阻器

图 2-13 金属氧化膜电阻器的实物外形

4 合成碳膜电阻器

合成碳膜电阻器用字母 RH 表示。合成碳膜电阻器是将碳黑、填料还有一些有机黏合剂调配成悬浮液，喷涂在绝缘骨架上，再进行加热聚合而成的。合成碳膜电阻器是一种高压且高阻的电阻器，通常它的外层被玻璃壳封死。图 2-14 为合成碳膜电阻器的实物外形，这种电阻器通常采用色环标注法来标注阻值。

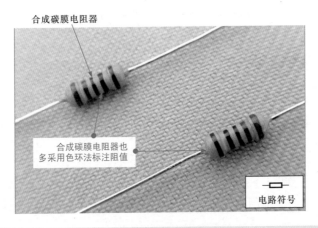

合成碳膜电阻器

合成碳膜电阻器也多采用色环法标注阻值

电路符号

图 2-14 合成碳膜电阻器的实物外形

032

5　玻璃釉电阻器

玻璃釉电阻器用字母 RI 表示。玻璃釉电阻器就是将银、铑、钌等金属氧化物和玻璃釉黏合剂调配成浆料，喷涂在绝缘骨架上，再进行高温聚合而成的。这种电阻具有耐高温、耐潮湿、稳定、噪声小、阻值范围大等特点。图 2-15 为玻璃釉电阻器的实物外形。这种电阻器通常采用直标法标注阻值。

玻璃釉电阻器

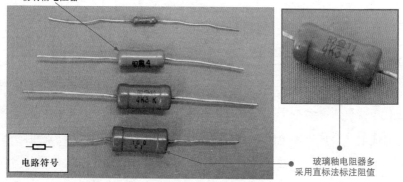
电路符号

玻璃釉电阻器多采用直标法标注阻值

图 2-15　玻璃釉电阻器的实物外形

6　水泥电阻器

水泥电阻器是采用陶瓷、矿质材料封装的电阻器件，其特点是功率大、阻值小，具有良好的阻燃、防爆特性。图 2-16 所示为水泥电阻器的实物外形。

通常，电路中的大功率电阻多为水泥电阻。当负载短路时，水泥电阻的电阻丝与焊脚间的压接处会迅速熔断，对整个电路起限流保护的作用。这种电阻器的阻值通常采用直接标注法标注。

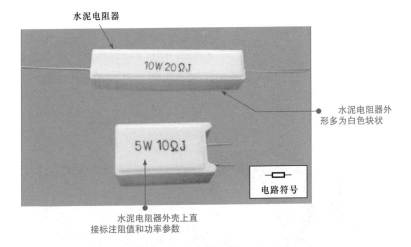

水泥电阻器

水泥电阻器外形多为白色块状

电路符号

水泥电阻器外壳上直接标注阻值和功率参数

033

图 2-16　水泥电阻器的实物外形

7　排电阻器

排电阻器简称"排阻"，这种电阻器将多个分立的电阻器按照一定规律排列集成为一个组合型电阻器，也称为集成电阻器、电阻阵列或电阻器网络。图 2-17 所示为典型排电阻器的实物外形。

排电阻器

图 2-17　典型排电阻器的实物外形

8 熔断器

熔断器俗称保险丝，它是一种具有过电流保护功能的熔丝，多安装在电路中，是一种保证电路安全运行的元器件。图 2-18 所示为熔断器的实物外形。

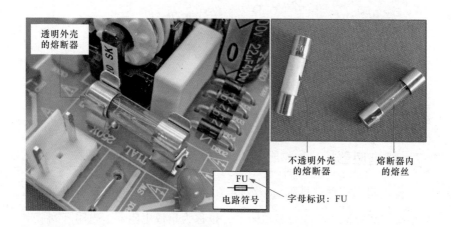

图 2-18　熔断器的实物外形

熔断器的阻值一般为 0Ω。当电流过大时，熔断器就会熔断从而对电路起保护作用。

2.2.2　敏感电阻器

1 热敏电阻器

热敏电阻器大多是由单晶、多晶半导体材料制成的电阻器，用字母 MZ 或 MF 表示。图 2-19 所示为常见热敏电阻器的实物外形。

字母标识：
MF：负温度系数热敏电阻器
MZ：正温度系数热敏电阻器

型号标识

电路符号

035

图 2-19　常见热敏电阻器的实物外形

提示

　　热敏电阻器是一种阻值会随温度的变化而自动发生变化的电阻器，有正温度系数热敏电阻器（PTC）和负温度系数热敏电阻器（NTC）两种。其中，正温度系数热敏电阻器（PTC）用字母"MZ"标识，其阻值随温度的升高而升高，随温度的降低而降低；负温度系数热敏电阻器（NTC）用字母"MF"标识，其阻值随温度的升高而降低，随温度的降低而升高。

2　光敏电阻器

　　光敏电阻器是一种由半导体材料制成的电阻器，用字母 MG 表示。图 2-20 所示为常见光敏电阻器的实物外形。光敏电阻器的特点是当外界光照强度变化时，光敏电阻器的阻值也会随之变化。

提示

　　光敏电阻器大多是由半导体材料制成的。它利用半导体的光导电特性，使电阻器的电阻值随入射光线的强弱发生变化。即当入射光线增强时，它的阻值会明显减小；当入射光线减弱时，它的阻值会显著增大。

036

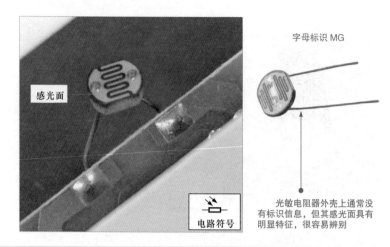

字母标识 MG

感光面

电路符号

光敏电阻器外壳上通常没有标识信息，但其感光面具有明显特征，很容易辨别

图 2-20　常见光敏电阻器的实物外形

3　湿敏电阻器

　　湿敏电阻器的阻值随周围环境湿度的变化而发生变化，用字母 MS 表示。图 2-21 所示为常见湿敏电阻器的实物外形。

　　湿敏电阻器是由感湿片（或湿敏膜）、电极引线和具有一定强度的绝缘基体组成的，常用作湿度传感器，即用于检测湿度。

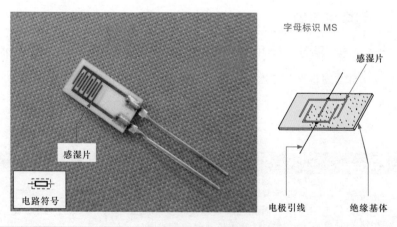

字母标识 MS

感湿片

感湿片

电路符号

电极引线

绝缘基体

图 2-21　常见湿敏电阻器的实物外形

4　气敏电阻器

气敏电阻器是利用金属氧化物半导体表面吸收某种气体分子时，会发生氧化反应或还原反应，从而使电阻值改变的特性而制成的电阻器，用字母 MQ 表示。图 2-22 所示为常见气敏电阻器的实物外形。

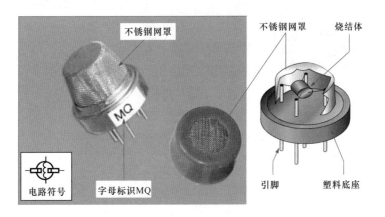

图 2-22　常见气敏电阻器的实物外形

提示

气敏电阻器是将某种金属氧化物粉料添加少量铂催化剂、激活剂及其他添加剂，按一定比例烧结而成的半导体元器件。它可以把某种气体的成分、浓度等参数转换成电阻变化量，再转换为电流或电压信号。常作为气体感测元器件，气敏电阻器制成各种气体的检测仪器或报警器产品，如酒精测试仪、煤气报警器、火灾报警器等。

5 压敏电阻器

压敏电阻器是利用半导体材料非线性特性的原理制成的电阻器，用字母 MY 表示。图 2-23 所示为常见压敏电阻器的实物外形。压敏电阻器的特点是当外加电压达到某一临界值时，其阻值会急剧变小，常用作过电压保护器件。

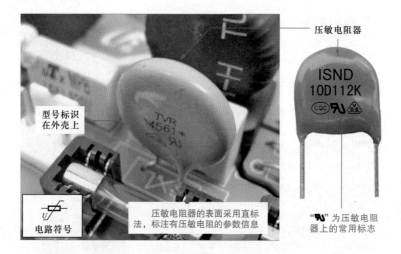

压敏电阻器

ISND
10D112K

型号标识
在外壳上

TVR
4561*

电路符号

压敏电阻器的表面采用直标法，标注有压敏电阻的参数信息

"ᄱ" 为压敏电阻器上的常用标志

图 2-23 常见压敏电阻器的实物外形

2.2.3 可调电阻器

可调电阻器是一种阻值可改变的电阻器，也称为电位器，用字母 RP 表示。这种电阻器的外壳上带有调节部位，可以手动调整阻值。

图 2-24 所示为可调电阻器的实物外形。

可调电阻器一般有 3 个引脚，分别是两个定片引脚和一个动片引脚；还有一个调整旋钮，可以通过它改变动片，从而调整可调电阻器动片与定片之间的阻值。可调电阻器常用在电阻值需要调整的电路中，如电视机的亮度调谐器件或收音机的音量调节器件等。

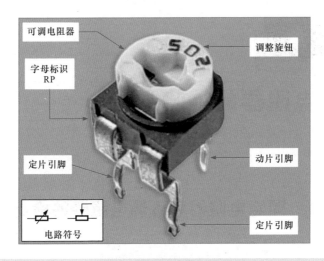

图 2-24　可调电阻器的实物外形

提示

　　可调电阻器的阻值是可以调整的，通常包括最大阻值、最小阻值和可变阻值 3 个阻值参数。最大阻值和最小阻值都是可变电阻的调整旋钮旋转到极端时的阻值。最大阻值是动片与定片之间可调的最大值，接近标称值；最小阻值就是该可变电阻的最小阻值，一般为 0Ω；可变阻值是对可变电阻的调整旋钮进行随意调整，然后测得的阻值，该阻值在最小阻值与最大阻值之间随调整旋钮的变化而变化。

第3章

练习电阻器的检测

3.1 固定电阻器和可调电阻器的检测

3.1.1 固定电阻器的检测

阻值固定的电阻器通常采用色环标记或直接标注的方法，标记该电阻器的阻值。使用万用表检测时，先根据电阻器的标识识读出该电阻器的固定阻值（标称阻值），然后调整万用表的量程，测量待测电阻器的实际阻值。若实际测量值与标称阻值相近，则该电阻器正常；若实际测量值与标称阻值不符，则说明该电阻器已损坏。

图 3-1 所示为普通的阻值固定电阻器的开路检测方法。

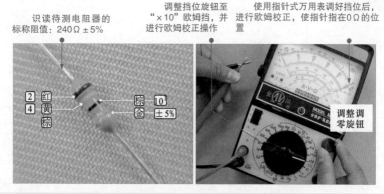

识读待测电阻器的 标称阻值：240Ω±5%　　调整挡位旋钮至"×10"欧姆挡，并进行欧姆校正操作　　使用指针式万用表调好挡位后，进行欧姆校正，使指针指在0Ω的位置

调整调零旋钮

图 3-1　普通的阻值固定电阻器的开路检测方法

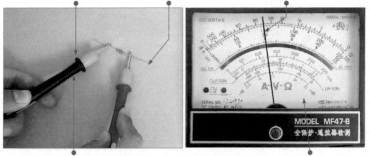

将万用表的两只表笔分别搭在待测电阻器的两端　万用表测电阻无须区分正负极　观察万用表表盘，读出实测数值为240Ω

测量时手不要碰到表笔的金属部分，也不要碰到电阻器的两只引脚，否则人体电阻会并联到待测电阻器上影响测量准确性　实测数值＝表盘指示数值 × 量程，即 24 × 10Ω＝240Ω

图 3-1　普通的阻值固定电阻器的开路检测方法（续）

3.1.2　可调电阻器的检测

检测可调电阻器的阻值之前，应首先区分待测可调电阻器的引脚，为可调电阻器的检测提供参照标准。

图 3-2 所示为识别待测可调电阻器的引脚功能。

型号标识　调节旋钮　使用工具调节旋钮，可以改变电阻器阻值的大小　定片引脚　定片引脚

调节旋钮　定片引脚　动片引脚

图 3-2　识别待测可调电阻器的引脚功能

如图 3-3 所示，将万用表的红黑表笔分别搭在可调电阻器的两定片引脚上。结合挡位设置（"×10"欧姆挡），观察指针的指示位置，则当

前实测的阻值为 $20 \times 10\,\Omega = 200\,\Omega$。

图 3-3　检测可调电阻器两定片的阻值

接下来，将万用表的红表笔搭在可调电阻器的某一定片引脚上，黑表笔搭在动片引脚上，其检测操作如图 3-4 所示。当前实测电阻值为 $70\,\Omega$。

图 3-4　检测可调电阻器一定片与动片间的阻值

继续保持万用表的黑表笔不动，将红表笔搭在另一定片引脚上，检测可调电阻器动片与另一个定片间的阻值。如图 3-5 所示，实测阻值为 $140\,\Omega$。

动片

另一个定片

MODEL MF47-8
全保护·遥控器检测

图 3-5　检测可调电阻器动片与另一个定片间的阻值

提示

　　图 3-6 所示为可调电阻器的检测原理。在正常情况下，定片与动片之间的阻值应小于标称值；若两定片之间的阻值趋近于 0 或无穷大，则该可调电阻器已经损坏。

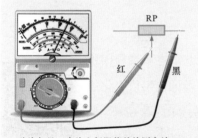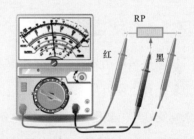

动片与另一定片之间阻值的检测方法　　　动片与定片之间最大阻值和最小阻值的检测方法

图 3-6　可调电阻器的检测原理

　　接下来检测可调电阻器的调节能力。如图 3-7 所示，将两表笔搭在可调电阻器的定片引脚和动片引脚上，使用螺丝刀分别顺时针和逆时针调节可调电阻器的调整旋钮。在正常情况下，随着螺丝刀的转动，万用表的指针应在零到标称值之间平滑摆动。

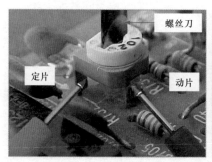

图 3-7 检测可调电阻器的调节能力

若定片与动片之间的最大阻值和定片与动片之间的最小阻值十分接近，则说明该可调电阻器已失去调节功能。

3.2 敏感电阻器的检测

3.2.1 热敏电阻器的检测

检测热敏电阻器，一般通过改变热敏电阻器周围环境温度条件，用万用表检测热敏电阻器的电阻值变化情况来判别好坏。热敏电阻器的检测方法如图 3-8 所示。

根据实测结果可对热敏电阻器的好坏做出判断：

1）常温下，检测热敏电阻器的电阻值应等于或接近其标称电阻值；

2）当有热源靠近热敏电阻器时，其阻值应相应地发生变化；

3）如果当温度升高时所测得的阻值比正常温度下所测得的阻值大，则表明该热敏电阻器为正温度系数热敏电阻器；如果当温度升高时所测得的阻值比正常温度下测得的阻值小，则表明该热敏电阻器为负温度系数热敏电阻器。

识读待测热敏电阻器的标称阻值：330Ω

【1】调整万用表的挡位旋钮至"×100"欧姆挡

【2】将万用表红黑表笔短接，调整调零旋钮，使指针指示"0"位置

【3】常温条件下检测热敏电阻器的电阻值

【4】实测结果为340Ω，接近其标称阻值

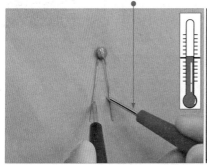

【5】用热吹风或电烙铁对热敏电阻器升温后再检测

【6】升温过程中，阻值应随温度变化而变化

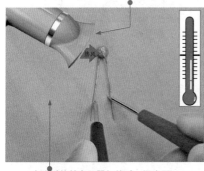

人为对热敏电阻器加热时，温度不宜过高，否则可能会损坏热敏电阻器

图 3-8　热敏电阻器的检测方法

提示

　　在实际应用中，确实有很多热敏电阻器并未标识其标称电阻值。这种情况下则可根据基本通用的规律来判断，即热敏电阻器的阻值会随着周围环境温度的变化而发生变化。若不满足该规律时，说明热敏电阻器损坏。

3.2.2　光敏电阻器的检测

　　光敏电阻器的检测方法与热敏、湿敏电阻器的检查方法相似，不同的是测量时是通过改变光照强度条件，用万用表监测光敏电阻器的电阻值变化情况来判别好坏。光敏电阻器的检测方法如图 3-9 所示。

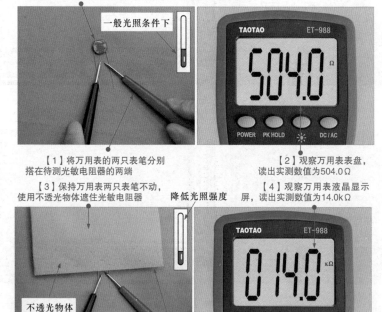

光敏电阻器上一般没有任何标识，实际检测时可根据其所在电路的图纸资料了解标称阻值，或根据一般规律判断好坏

一般光照条件下

【1】将万用表的两只表笔分别搭在待测光敏电阻器的两端

【2】观察万用表表盘，读出实测数值为504.0Ω

【3】保持万用表两只表笔不动，使用不透光物体遮住光敏电阻器

降低光照强度

【4】观察万用表液晶显示屏，读出实测数值为14.0kΩ

不透光物体

也可以使用手电筒或发光物体照射光敏电阻器，在增强光照强度条件下检测

图 3-9　光敏电阻器的检测方法

根据实测结果可对光敏电阻器的好坏做出判断：实际检测时，光敏电阻器的电阻值应随着光照强度的变化而发生变化；若光照强度变化时，光敏电阻器的电阻值无变化或变化不明显，则多为光敏电阻器感应光线变化的灵敏度低或性能异常。

3.2.3　压敏电阻器的检测

检测压敏电阻器时，一般可用万用表直接检测其在开路状态下的电阻值（一般大于 10kΩ），正常情况下压敏电阻器的电阻值应很大，若出现阻值较小的现象则多是压敏电阻已损坏。压敏电阻器的检测方法如图 3-10 所示。

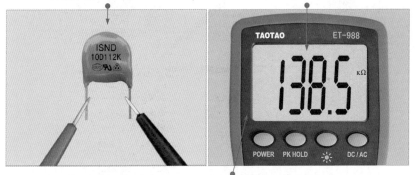

【1】将万用表的两只表笔分别搭在待测压敏电阻器的两端

【2】观察万用表液晶显示屏，读出实测数值为138.5kΩ

一般压敏电阻器的阻值较大。但应注意的是：在彩色电视机消磁电路中的压敏电阻器为负阻特性，其常态下的阻值只有100Ω左右

图 3-10　压敏电阻器的检测方法

根据实测结果可对压敏电阻器的好坏做出判断：一般情况下，压敏电阻器的阻值很大；若出现阻值小的现象，则多为已经损坏。

3.2.4 气敏电阻器的检测

不同类型气敏电阻器可检测气体的类别不同。检测时，应根据气敏电阻器的具体功能改变其周围可测气体的浓度，同时用万用表监测气敏电阻器阻值变化情况来判断其好坏。

例如，可使用检测丁烷气体的气敏电阻器测试周围环境丁烷气体的浓度。气敏（丁烷）电阻器的检测方法如图3-11所示。

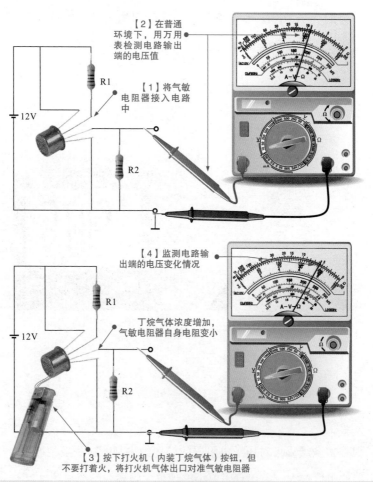

图 3-11　气敏电阻器的检测方法

根据实测结果可对气敏电阻器的好坏做出判断：将气敏电阻器放置在电路中（单独检测气敏电阻器不容易测出其阻值的变化特点，但在其工作状态下变化很明显），若气敏电阻器所检测气体浓度发生变化，则其所在电路中的电压参数也应相应发生变化，否则多为气敏电阻器损坏。

3.2.5 湿敏电阻器的检测

湿敏电阻器的检测方法与热敏电阻器的检测方法相似，不同的是测量时是通过改变湿度条件，用万用表检测湿敏电阻器的电阻值变化情况来判别好坏。湿敏电阻器的检测方法如图 3-12 所示。

湿敏电阻器上一般没有任何标识，实际检测时可根据其所在电路的图纸资料了解标称阻值，或根据一般规律判断其好坏

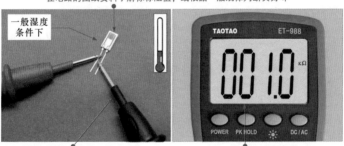

一般湿度条件下

【1】将万用表的两只表笔分别搭在待测湿敏电阻器的两端

【2】观察万用表液晶显示屏，读出实测数值为1.0kΩ

【4】观察万用表液晶显示屏，读出实测数值为421.0Ω

湿敏电阻器

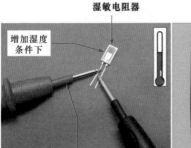

增加湿度条件下

【3】保持万用表两只表笔不动

【5】使用数字式万用表测量电阻器时，应注意测量过程中单位的变化

图 3-12　湿敏电阻器的检测方法

根据实测结果可对湿敏电阻器的好坏做出判断：

1）实际检测时，湿敏电阻器的电阻值应随着湿度的变化而发生变化；

2）若湿度变化时，湿敏电阻器的电阻值无变化或变化不明显，则多为湿敏电阻器感应湿度变化的灵敏度低或性能异常；

3）若实测电阻值趋近于零或无穷大，则说明该湿敏电阻器已经损坏；

4）如果当湿度升高时所测得的阻值比正常湿度下所测得的阻值大，则表明该湿敏电阻器为正湿度系数湿敏电阻器；如果当湿度升高时所测得的阻值比正常湿度下测得的阻值小，则表明该湿敏电阻器为负湿度系数湿敏电阻器。

第 4 章

认识电容器

4.1 了解电容器的功能特点

4.1.1 了解电容器的功能

电容器在电子产品中的电路符号是"⊥"，用字母"C"表示。

两块金属板相对平行地放置，而不相接触就构成一个最简单的电容器，如图4-1所示。如果把金属板的两端分别接到电源的正负极，那么接正极的金属板上的电子就会被电源的正极吸引过去而呈现正极性；而接负极的金属板，就会从电源负极得到电子而呈现负极性。这种现象就叫作电容器的充电。充电时，电路中就有电流流动。两块金属板有电荷后就产生电压，当电容所充的电压与电源的电压相等时，充电就停止。电路中就不再有电流流动，相当于开路，这就是电容器能隔断直流电的道理。

如图4-2所示，如果将接在电路中的电源断开（开关S断开），则在电源断开的一瞬间，电路中便有电流流通，电流经过电阻放电，与原充电时的电流方向相反。随着电流的流动，两金属板之间的电压也逐渐降低，直到两金属板上的正、负电荷完全消失，这种现象叫作"放电"。

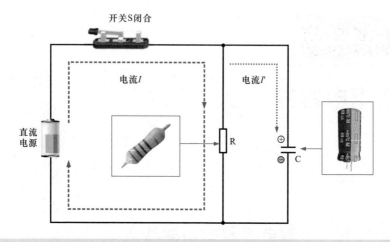

图 4-1　直流电路中电容的充电原理

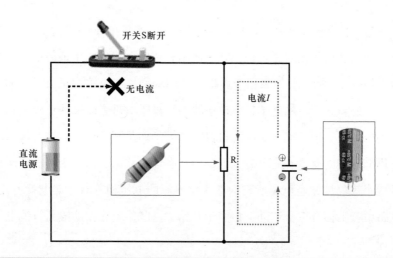

图 4-2　直流电路中电容的放电原理

如果电容器的两块金属板接上交流电，因为交流电的大小和方向在不断地变化着，电容器两端也必然交替地进行充电和放电，因此电路中就不停地有电流流动。这就是电容器能通过交流电的道理。

1 滤波功能

　　电容器（平滑滤波电容器）应用在直流电源电路中构成平滑滤波电路。图 4-3 所示为没有平滑滤波电容器的电源电路。可以看到，交流电压变成直流后电压很不稳定，波动很大。图 4-4 所示为加入平滑滤波电容器后的电源电路。由于平滑滤波电容器的加入，电路中原本不稳定、波动比较大的直流电压变得比较稳定、平滑。

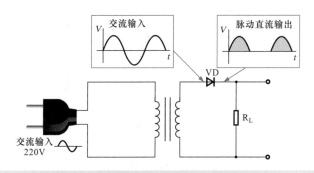

图 4-3 　没有平滑滤波电容器的电源电路

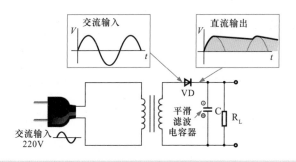

图 4-4 　加入平滑滤波电容器的电源电路

2 耦合功能

　　电容器对交流信号阻抗较小，可视为通路；而对直流信号阻抗很大，可视为断路。在放大器中，电容器常作为交流信号的输入和输出耦合电路元件，其应用如图 4-5 所示。交流信号经耦合电容 C1 加到晶体三极

管的基极，经晶体三极管放大后，由集电极输出的信号经输出耦合电容
C2 加到负载电阻 R_L 上。

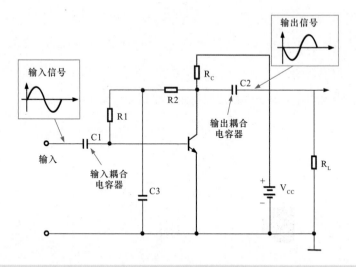

图 4-5　交流放大器中的耦合电容

> **提示**
>
> 　　该电路中的电源电压 V_{CC} 经 R_C 为集电极提供直流偏压，再经 R1、R2 为基极提供偏压。直流偏压的功能是给晶体三极管提供工作条件和能量，使晶体三极管工作在线性放大状态。
> 　　此外，从该电路中可以看到，由于电容器具有隔直流的作用，因此放大器的交流输出信号可以经耦合电容器 C2 送到负载 R_L 上，而电源的直流电压不会加到负载 R_L 上，也就是说从负载上得到的只是交流信号。

4.1.2　识读电容器的参数

1　电容器的主要参数

　　电容器在电路中用字母"C"表示。度量电容量大小的单位是"法拉"，简称"法"，用字母"F"表示。但实际中实用更多的是"微法"

（用"μF"表示），"纳法"（用"nF"表示）或皮法（用"pF"表示），它们之间的换算关系是：$1F= 10^6 \mu F = 10^9 nF = 10^{12} pF$。

电容器的主要参数有标称容量（电容量）、允许偏差、额定工作电压、绝缘电阻、温度系数及频率特性。

（1）标称容量　电容器的标称容量是指加上电压后贮存电荷的能力大小。相同电压下，贮存电荷越多，则电容器的电容量越大。

（2）允许偏差　电容器的实际容量与标称容量存在一定偏差，电容器的标称容量与实际容量的允许最大偏差范围，称作电容器的允许偏差。电容器的允许偏差可以分为 3 个等级：Ⅰ级，即偏差 ±5% 以下的电容；Ⅱ级，即偏差 ±5% ~ ±10% 的电容；Ⅲ级，即偏差 ±20% 以上的电容。

（3）额定工作电压　指电容器在规定的温度范围内，能够连续可靠工作的最高电压，有时又分为额定直流工作电压和额定交流工作电压（有效值）。额定电压是一个参考数值，在实际使用中如果工作电压大于电容器的额定电压，电容器就易损坏，呈被击穿状态。

（4）绝缘电阻　电容器的绝缘电阻等于加在电容器两端的电压与通过电容器的漏电流的比值。电容器的绝缘电阻与电容器的介质材料和面积、引线的材料和长短、制造工艺、温度和湿度等因素有关。对于同一种介质的电容器，电容量越大，绝缘电阻越小。

如果是电解电容，常通过介电系数来表现电容器的绝缘能力特性。

（5）温度系数　指在一定温度范围内，温度每变化 1℃电容量的相对变化值。电容器的温度系数用字母 α_c 表示，主要与电容器的结构和介质材料的温度特性等因素有关。

温度系数有正负之分，正温度系数表明电容量随温度升高而增大，负温度系数则表明电容量随温度升高而下降。在使用中，无论是正温度系数还是负温度系数，都是越小越好。

（6）频率特性　频率特性是指电容器在交流电路或高频电路的工作状态下，其电容量等参数随电场频率的变化而变化的性质。

2　电容器色环标识的参数识读

色环标识主要通过不同颜色的色环标注电容器的参数信息。在一般情况下，不同颜色的色环代表的含义不同，相同颜色的色环标注在不同位置上的含义也不同。图 4-6 所示为电容器参数色环标注法的识读。

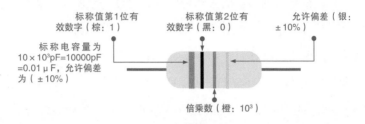

图 4-6　电容器参数色环标注法的识读

3　电容器数字标识的参数识读

数字标注法是指用数字或数字与字母相结合的方式标注电容器的主要参数值。图 4-7 所示为电容器参数数字标注法的识读。

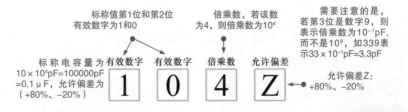

图 4-7　电容器参数数字标注法的识读

4　电容器直标参数的识读

电容器通常使用直标法将一些代码符号标识在电容器的外壳上，通过不同的数字和字母表示容量值及主要参数。根据相关标准的规定，电

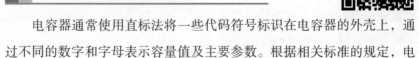

容器型号标识由 6 个部分构成，如图 4-8 所示。

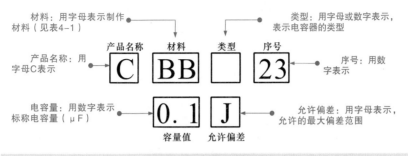

图 4-8　电容器的直标法

电容器直标法中相关代码符号的含义见表 4-1 所示。掌握这些符号对应的含义，便可顺利完成对采用直标电容器的识别。

表 4-1　电容器直标法中相关代码符号的含义

材料				允许偏差			
符号	意义	符号	意义	符号	意义	符号	意义
A	钽电解	N	铌电解	Y	± 0.001%	J	± 5%
B	聚苯乙烯等非极性有机薄膜	O	玻璃膜	X	± 0.002%	K	± 10%
BB	聚丙烯	Q	漆膜	E	± 0.005%	M	± 20%
C	高频陶瓷	T	低频陶瓷	L	± 0.01%	N	± 30%
D	铝，铝电解	V	云母纸	P	± 0.02%	H	+100% −0%
E	其他材料	Y	云母	W	± 0.05%	R	+100% −10%
G	合金	Z	纸介	B	± 0.1%	T	+50% −10%
H	纸膜复合			C	± 0.25%	Q	+30% −10%
I	玻璃釉			D	± 0.5%	S	+50% −20%
J	金属化纸介			F	± 1%	Z	+80% −20%
L	聚酯等极性有机薄膜			G	± 2%		

4.2 认识常用的电容器

4.2.1 无极性电容器

无极性电容器是指电容器的两引脚没有正负极性之分，使用时两引脚可以交换连接。大多情况下，由于材料和制作工艺特点，无极性电容器在生产时，电容量已经固定，因此也称为固定电容器。

常见的无极性电容器主要有色环电容器、纸介电容器、瓷介电容器、云母电容器、涤纶电容器、玻璃釉电容器、聚苯乙烯电容器等。

1 色环电容器

色环电容器是指在电容器的外壳上标识有多条不同颜色的色环，用以标识其电容量，与色环电阻器十分相似。图 4-9 所示为色环电容器的实物外形。

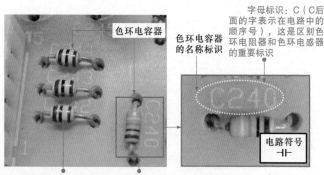

字母标识：C（C后面的字表示在电路中的顺序号），这是区别色环电阻器和色环电感器的重要标识

色环电容器的名称标识

色环电容器

电路符号

色环电容器的外形多为圆柱形，外壳上标有不同颜色的色环，与色环电阻相似

图 4-9　色环电容器的实物外形

2 纸介电容器

纸介电容器是以纸为介质的电容器。它用两层带状的铝或锡箔中间垫上浸过石蜡的纸卷成筒状，再装入绝缘纸壳或陶瓷壳中，引出端用绝

缘材料封装制成。图 4-10 所示为纸介电容器的实物外形。

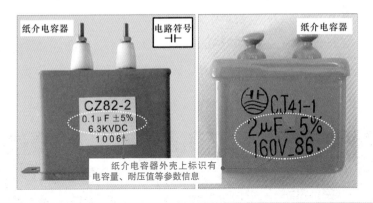

图 4-10　纸介电容器的实物外形

纸介电容器的价格低、体积大、损耗大且稳定性较差。由于存在较大的固有电感，不宜在频率较高的电路中使用，常用于电动机起动电路中。

提示

在实际应用中，有一种金属化纸介电容器，该类电容器是在涂有醋酸纤维漆的电容器纸上再蒸镀一层厚度为 0.1μm 的金属膜作为电极，然后用这种金属化的纸卷绕成芯子，端面喷金，装上引线并放入外壳内封装而成，图 4-11 所示为典型金属化纸介电容器实物外形。

金属化纸介电容器比普通纸介电容器体积小，但其容量较大，且受高压击穿后具有自恢复能力，广泛应用于自动化仪表、自动控制装置及各种家用电器中，但不适用于高频电路中。

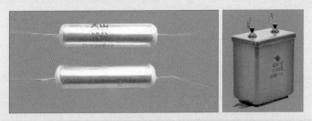

图 4-11　典型金属化纸介电容器实物外形

3 瓷介电容器

瓷介电容器是以陶瓷材料作为介质，在其外层常涂以各种颜色的保护漆，并在陶瓷片上覆银制成电极。图 4-12 所示为瓷介电容器的实物外形。

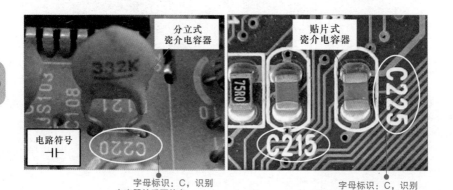

分立式
瓷介电容器

贴片式
瓷介电容器

电路符号

字母标识：C，识别
电容器的重要信息

字母标识：C，识别
电容器的重要信息

图 4-12　瓷介电容器的实物外形

提示

瓷介电容器按制作材料不同分为Ⅰ类和Ⅱ类瓷介电容器。Ⅰ类瓷介电容器高频性能好，广泛用于高频耦合、旁路、隔直流、振荡等电路中；Ⅱ类瓷介电容器性能较差、受温度的影响较大，一般适用于低压、直流和低频电路。

4 云母电容器

云母电容器是以云母作为介质的电容器，它通常以金属箔为电极，图 4-13 所示为云母电容器的实物外形。

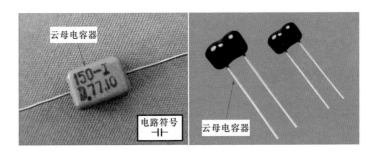

图 4-13　云母电容器的实物外形

提示

　　云母电容器的电容量较小，只有几皮法（pF）至几千皮法，具有可靠性高、频率特性好等特点，适用于高频电路。

5　涤纶电容器

　　涤纶电容器是一种采用涤纶薄膜为介质的电容器，又称为聚酯电容器。图 4-14 所示为涤纶电容器的实物外形。

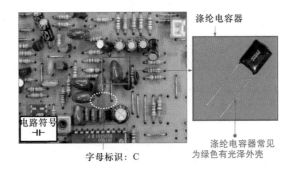

图 4-14　涤纶电容器的实物外形

　　涤纶电容器的成本较低，耐热、耐压和耐潮湿的性能都很好，但稳定性较差，适用于稳定性要求不高的电路中，如彩色电视机或收音机的耦合、隔直流等电路中。

6 玻璃釉电容器

玻璃釉电容器使用的介质一般是玻璃釉粉压制的薄片，通过调整釉粉的比例，可以得到不同性能的玻璃釉电容器。图 4-15 所示为玻璃釉电容器的实物外形。

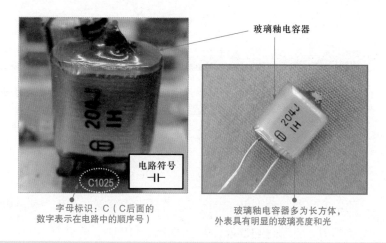

图 4-15　玻璃釉电容器的实物外形

玻璃釉电容器的电容量一般为 10 ~ 3300pF，耐压值有 40V 和 100V 两种，具有介电系数大、耐高温、抗潮湿性强，损耗低等特点。

介电系数又称介质系数（常数），或称电容率，是表示绝缘能力的一个系数，以字母 ε 表示，单位为"法 / 米"。

7 聚苯乙烯电容器

聚苯乙烯电容器是以非极性的聚苯乙烯薄膜为介质制成的电容器，其内部通常采用两层或三层薄膜与金属电极交叠绕制。图 4-16 所示为聚苯乙烯电容器的实物外形。

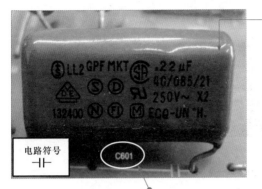

聚苯乙烯电容器

电路符号
—||—

字母标识：C（C后面的
数字表示在电路中的顺序号）

聚苯乙烯电容器外形多为长方体或正方体，
其外表光滑有明显的标识，表层镀有漆膜

图 4-16　聚苯乙烯电容器的实物外形

063

提示

　　聚苯乙烯电容器的成本低、损耗小、绝缘电阻高、电容量稳定，多应用于对电容量要求精确的电路中。

4.2.2　电解电容器

　　目前，常见的电解电容器按材料不同，可分为铝电解电容器和钽电解电容器两种。

1　铝电解电容器

　　铝电解电容器是以铝作为介电材料的一类有极性电容器，根据介电材料状态不同，分为普通铝电解电容器（液态铝电解电容器）和固态铝电解电容器（简称"固态电容器"）两种，是目前电子电路中应用最广泛的电容器。图 4-17 所示为铝电解电容器的实物外形。

普通铝电解电容器
（液态铝电解电容器）

固态铝电解电容器
（固态电容器）

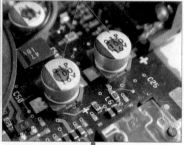

该类电容器的
介电材料为电解液

该类电容器的介电
材料为导电性高分子

图 4-17　铝电解电容器的实物外形

　　铝电解电容器的电容量较大，与无极性电容器相比绝缘电阻低，漏电流大，频率特性差，容量和损耗会随周围环境和时间的变化而变化（特别是当温度过低或过高的情况下），且长时间不用还会失效。因此，铝电解电容器仅限于低频低压电路。

　　另外，固态铝电解电容器采用有机半导体或导电性高分子电解质来取代传统的普通铝电解电容器中的电解液，并用环氧树脂或橡胶垫封口。因此，固态电容器的导电性比普通铝电解电容器要好，导电性受温度的影响小。

　　铝电解电容器的规格多种多样，外形也根据制作工艺有所不同，图4-18 所示为几种具有不同外形特点的铝电解电容器。

焊针形铝电解电容器　　　　螺栓形铝电解电容器　　　　　轴向铝电解电容器

图 4-18　几种具有不同外形特点的铝电解电容器

提示

需要注意的是，并不是所有的铝电解电容器都是有极性的。还有一种很特殊的无极性电解电容器，这种电容器材料、外形与普通铝电解电容器相似，只是其引脚不区分极性。这种电容器实际上就是将两个同样的电解电容器背靠背封装在一起，如图 4-19 所示。这种电容器损耗大、可靠性低、耐压低，只能用于少数要求不高的场合。

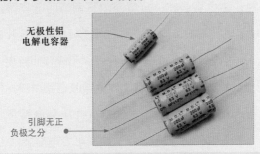

无极性铝电解电容器

引脚无正负极之分

图 4-19 无极性铝电解电容器

2 钽电解电容器

钽电解电容器是采用金属钽作为正极材料制成的电容器，主要有固体钽电解电容器和液体钽电解电容器两种。其中，固体钽电解电容器根据安装形式不同，又分为分立式钽电解电容器和贴片式钽电解电容器。图 4-20 所示为钽电解电容器的实物外形。

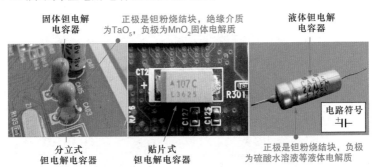

固体钽电解电容器

正极是钽粉烧结块，绝缘介质为 TaO_5，负极为 MnO_2 固体电解质

液体钽电解电容器

分立式钽电解电容器

贴片式钽电解电容器

电路符号

正极是钽粉烧结块，负极为硫酸水溶液等液体电解质

图 4-20 钽电解电容器的实物外形

钽电解电容器的温度特性、频率特性和可靠性都比铝电解电容器好，特别是它的漏电流极小、电荷储存能力好、寿命长、误差小，但价格较贵，通常用于高精密的电子电路中。

4.2.3 可变电容器

可变电容器是指电容量在一定范围内可调节的电容器，一般由相互绝缘的两组极片组成。其中，固定不动的一组极片称为定片，可动的一组极片称为动片，通过改变极片间相对的有效面积或片间距离，来使其电容量相应地变化。这种电容器主要用在无线电接收电路中选择信号（调谐）。

可变电容器按介质的不同可以分为空气介质和薄膜介质两种，按照结构的不同又可分为微调可变电容器、单联可变电容器、双联可变电容器和多联可变电容器。

1 空气可变电容器

空气可变电容器的电极由两组金属片组成，其中固定不变的一组为定片，能转动的一组为动片，动片与定片之间以空气作为介质，多应用于收音机、电子仪器、高频信号发生器、通信设备及有关电子设备中。

常见的空气可变电容器主要有空气单联可变电容器（空气单联）和空气双联可变电容器（空气双联）两种，图 4-21 所示为其实物外形。

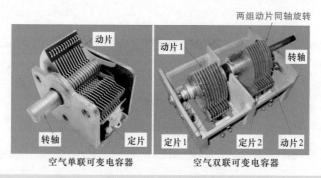

图 4-21 典型空气可变电容器的实物外形

空气单联可变电容器由一组动片、定片组成，动片与定片之间以空气为介质；空气双联可变电容器由两组动片、定片组成，两组动片合装在同一转轴上，可以同轴同步旋转。

提示

当转动空气可变电容器的动片使之全部旋进定片间时，其电容量为最大；反之，将动片全部旋出定片间时，其电容量为最小。

2 薄膜可变电容器

薄膜可变电容器是指一种将动片与定片（动、定片均为不规则的半圆形金属片）之间加上云母片或塑料薄膜（聚苯乙烯等材料）作为介质的可变电容器。外壳为透明塑料，具有体积小、重量轻、电容量较小，易磨损的特点。

常见的薄膜可变电容器主要有单联可变电容器、双联可变电容器和四联可变电容器等，如图 4-22 所示。

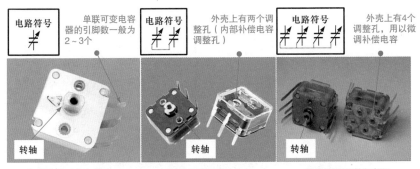

薄膜单联可变电容器　　薄膜双联可变电容器　　薄膜四联可变电容器

图 4-22　几种典型的薄膜可变电容器

薄膜单联可变电容器是指仅具有一组动片、定片及介质的薄膜可变电容器，即内部只有一个可调电容器，多用于简易收音机或电子仪器中。

薄膜双联可变电容器可以简单理解为由两个单联可变电容器组合而成，两个可变电容器都各自附带有一个用以微调的补偿电容，一般从可变电容器的背部看到。薄膜双联可变电容器是具有两组动片、定片及介质，且两组动片可同轴同步旋转来改变电容量的一类薄膜可变电容器，多用于晶体管收音机和有关电子仪器、电子设备中。

薄膜四联可变电容器是指具有 4 组动片、定片及介质，且 4 组动片可同轴同步旋转来改变电容量的一类薄膜可变电容器。内部有 4 个可变电容器，都各自附带有一个用以微调的补偿电容，一般从可变电容器的背部看到。该类电容器多用于 AM/FM 多波段收音机中。

提示

通常，对于单联可变电容器、双联可变电容器和四联可变电容器的识别可以通过引脚和背部补偿电容的数量来判别。以双联电容器为例，图 4-23 所示为双联可变电容器的内部电路结构。

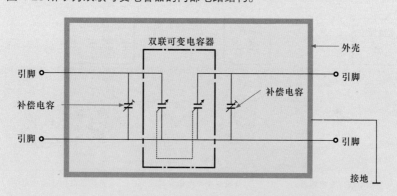

图 4-23　双联可变电容器的内部电路结构示意图

可以看出，双联可变电容器中的两个可变电容器都各自附带有一个补偿电容，该补偿电容可以单独微调。一般从可变电容器的背部都可以看到补偿电容。因此，如果是双联可变电容器则可以看到两个补偿电容，如果是四联可变电容器则可以看到 4 个补偿电容，而单联可变电容器则只有一个补偿电容。另外值得注意的是，由于生产工艺的不同，可变电容器的引脚数也并不完全统一。通常，单联可变电容器的引脚数一般为 2 ~ 3 个（两个引脚加一个接地端），双联可变电容器的引脚数不超过 7 个，四联可变电容器的引脚数为 7 ~ 9 个。这些引脚除了可变电容的引脚外，其余的引脚都为接地引脚以方便与电路进行连接。

第 5 章

练习电容器的检测

5.1 普通电容器的检测

5.1.1 普通电容器的常规检测

　　检测普通电容器的性能，通常可以使用数字式万用表对普通电容器的电容量进行测量，然后将实测结果与普通电容器的标称容量相比较，即可判断待测普通电容器的性能状态。

　　下面以聚苯乙烯电容器为例进行检测。首先对待测聚苯乙烯电容器的标称容量进行识读，并根据识读数值设定数字式万用表的测量挡位，如图 5-1 所示。

识读待测电容器的标称
电容量：220nF

根据待测电容器的标称容量，将万用表的量程调整至"2μF"电容测量挡

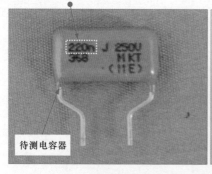

图 5-1　聚苯乙烯电容器电容量测量前的准备

然后连接数字式万用表的附加测试器，并将待测电容器插入附加测试器中的电容测量插孔中进行检测，如图 5-2 所示。

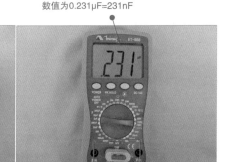

【2】将待测电容器插接到万用表附加测试器电容测量插孔中

待测电容器

附加测试器

【1】将数字式万用表的附加测试器连接到万用表相应插孔上

【3】观察万用表液晶显示屏读出实测数值为0.231μF=231nF

【4】实测该电容器的电容量231nF，与其标称容量值基本相符，表明其性能良好

图 5-2 聚苯乙烯电容器电容量粗略测量方法

正常情况下，聚苯乙烯电容器的实测电容量值应与标称电容量值接近；若偏差较大，则说明所测电容器性能失常。

资料

在对普通电容器进行检测时，根据电容器不同的电容量范围，可采取不同的检测方式。

（1）电容量小于 10pF 电容器的检测　由于这类电容器电容量太小，万用表进行检测时，只能大致检测其是否存在漏电、内部短路或击穿现象。检测时，可用万用表的"×10k"欧姆挡，检测其阻值，正常情况下应为无穷大；若检测阻值为零，则说明所测电容器漏电损坏或内部击穿。

（2）电容量为 10pF ～ 0.01μF 电容器的检测　这类电容器可在连接晶体管放大器件的基础上，检测其充放电现象，即将电容器的充放电过程予以放大，然后再用万用表的"×1k"欧姆挡检测。正常情况下，万用表指针应有明显摆动，说明其充放电性能正常。

（3）电容量 0.01μF 以上电容器的检测　检测该类电容器，可直接用万用表的"×10k"欧姆挡检测电容器有无充放电过程，以及内部有无短路或漏电现象。

5.1.2　普通电容器的精确检测

　　一些电路设计、调整或测试环节，需要准确了解普通电容器的具体电容量，用万用表无法测量时，应使用专用的电容测量仪对普通电容器的电容进行检测。

　　如图 5-3 所示，以瓷介电容器为例，首先对待测瓷介电容器的标称容量进行识读，并根据识读数值初步设定电容测量仪相关测量挡位信息。

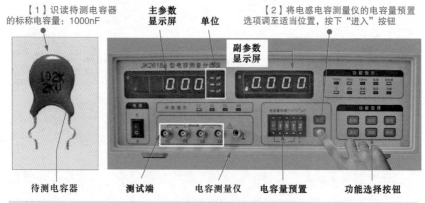

【1】识读待测电容器的标称电容量：1000nF　　主参数显示屏　　单位　　【2】将电感电容测量仪的电容量预置选项调至适当位置，按下"进入"按钮

副参数显示屏

待测电容器　　测试端　　电容测量仪　　电容量预置　　功能选择按钮

图 5-3　待测瓷介电容器测量前的准备

　　然后将电容测量仪的测量端子与待测瓷介电容器的两只引脚进行连接，开始测量并读取数值，如图 5-4 所示。

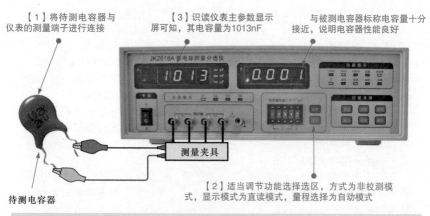

【1】将待测电容器与仪表的测量端子进行连接　　【3】识读仪表主参数显示屏可知，其电容量为1013nF　　与被测电容器标称电容量十分接近，说明电容器性能良好

测量夹具

【2】适当调节功能选择选区，方式为非校测模式，显示模式为直读模式，量程选择为自动模式

待测电容器

图 5-4　瓷介电容器电容量的精确测量方法

若所测电容器显示的电容量数值等于或十分接近标称容量，可以断定该电容器正常；若所测电容显示的电容量数值远小于标称容量，可以断定该电容器性能异常。

5.2 电解电容器和可变电容器的检测

5.2.1 电解电容器的电容量检测 ------------------------------

检测前，首先识别待测电解电容器的引脚极性，然后用电阻器对电解电容器进行放电操作，以避免电解电容器中存有残留电荷而影响检测结果，如图 5-5 所示。

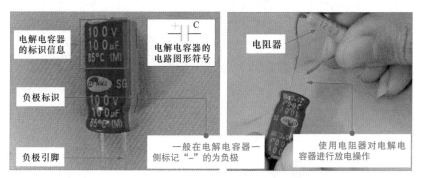

图 5-5 对待测电解电容器进行放电操作

放电操作完成后，使用数字式万用表检测电解电容器的电容量，即可判断待测电解电容器性能的好坏，如图 5-6 所示。

提示

电解电容器的放电操作主要是针对大容量电解电容器的，因为大容量电解电容器在工作中可能会有很多电荷，如短路则会产生很强的电流，引发电击事故，容易损坏万用表，所以应先用电阻放电后再进行检测，如图 5-7 所示。一般可选用阻值较小的电阻，将电阻的引脚与电解电容器的引脚相连即可放电。

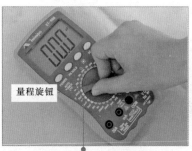

将数字式万用表的量程旋钮调整至"200μF"挡位

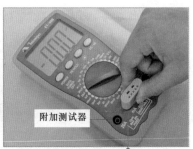

附加测试器

将附加测试器插入数字式万用表相应的插孔中

正极

负极

电容器检测专用插孔

将待测电解电容器按照引脚极性对应插入附加测试器的相应插孔中

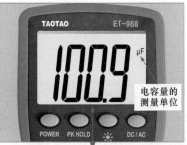

TAOTAO ET-988

电容量的测量单位

在正常情况下,检测电解电容器的电容量为"100.9μF",与该电解电容器的标称值基本相近或相符,表明该电解电容器正常

图 5-6 使用数字式万用表检测电解电容器的电容量

未放电检测导致电击引发的火花

待测的电解电容器

将电阻器的引脚与电容器的引脚相连进行放电

图 5-7 电解电容器未放电检测导致的电击火花和放电方法

在通常情况下,电解电容器的工作电压在 200V 以上,即使电容量较小也需要放电。如 1000μF/50V 的电容器,工作电压较低,但电容量高于 300μF,属于大容量电容器。在实际应用中,常见的大容量电容器 1000μF/50V、60μF/400V、300μF/50V、60μF/200V 等均为大容量电解电容器。

5.2.2 电解电容器的充放电性能检测

使用指针式万用表检测有极性电解电容器时，主要是使用指针式万用表的欧姆挡（电阻挡）检测电容器的阻值（漏电电阻），根据测量过程中指针的摆动状态大致判断待测有极性电容器的性能状态。

将万用表调至"×10k"欧姆挡，将万用表的两只表笔分别搭在电容器的正负极上，分别检测其正反向漏电电阻，如图 5-8 所示。

【2】将万用表的黑表笔搭在待测铝电解电容器的正极引脚上，红表笔搭在负极引脚上，检测其正向漏电电阻

【1】检测时，万用表挡位旋钮设置在"×10k"欧姆挡

【3】正向时，万用表指针应有明显的摆动，最后停止在某一个固定值上

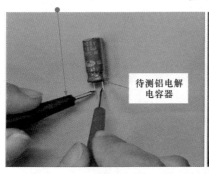

待测铝电解电容器

【4】调换表笔检测铝电解电容器的反向漏电电阻

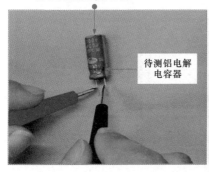

待测铝电解电容器

【5】正常情况下铝电解电容器的反向漏电电阻也应为一个固定值

图 5-8 铝电解电容器漏电电阻的检测方法

正常情况下，在刚接通的瞬间，万用表的指针会向右（电阻小的方向）摆动一个较大的角度。当表针摆动到最大角度后，接着表针又会逐

渐向左摆回，直至表针停止在一个固定位置（一般为几百千欧）。这说明该电解电容器有明显的充放电过程，所测得的阻值即为该电解电容器的正向漏电电阻，正向漏电电阻越大，说明电容器的性能越好，漏电流也越小。

反向漏电电阻一般小于正向漏电电阻。

若测得的电解电容器正反向漏电电阻值很小（几百千欧），则表明电解电容器的性能不良，不能使用。若指针不摆动或摆动到电阻为零的位置后不返回，以及刚开始摆动时摆动到一定的位置后不返回，均表示电解电容器性能不良。

相关资料

通常，对有极性电容器漏电电阻进行检测时，会遇到各种情况。如图 5-9 所示，通过对不同的检测结果的分析，可以大致判断有极性电容器的损坏原因。

观察万用表的指针，若指针达到的最大摆动幅度与最终停止时的角度较小，则该电解电容器漏电严重

观察万用表的指针，若指针无摆动现象，而阻值趋于0欧姆，则该电解电容器已被击穿或短路

观察万用表的指针，若表笔接触引脚后指针无摆动，其阻值很大或趋于无穷大，则该电解电容器的电解液干涸，失去电容量

图 5-9　有极性电容器性能异常情况判断

5.2.3　可变电容器的检测

对可变电容器进行检测，一般采用万用表检测其动片与定片之间阻值的方法判断性能状态。不同类型可变电容器的检测方法基本相同，下

面以薄膜单联可变电容器为例进行检测训练。

　　检测前，首先明确薄膜单联可变电容器的定片与动片引脚，将万用表置于"×10k"欧姆挡，为检测操作做好准备，如图 5-10 所示。

【1】明确待测薄膜单联可变电容器的定片与动片引脚

【2】调整万用表挡位旋钮至"×10k"欧姆挡，并进行欧姆校正操作

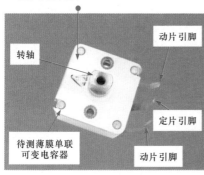

图 5-10　薄膜单联可变电容器检测前的准备工作

　　接着，将万用表的红黑表笔分别搭在薄膜单联可变电容器的动片和定片引脚上，此时旋动薄膜单联可变电容器的转轴，通过万用表指示状态即可判断该电容器的性能，如图 5-11 所示。

【2】旋动薄膜单联可变电容器的转轴，可来回旋转几个周期

【3】正常情况下，薄膜单联可变电容器定片与动片之间的阻值应一直处于无穷大状态

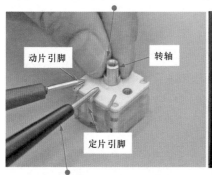

【1】万用表的红黑表笔分别搭在薄膜单联可变电容器的动片和定片引脚上

若薄膜单联可变电容器检测结果符合无穷大条件，则说明其性能良好

图 5-11　薄膜单联可变电容器的检测方法

提示

　　在检测薄膜单联可变电容器的过程中，万用表指针都应在无穷大位置不动。在旋动转轴的过程中，如果指针有时指向零，则说明动片和定片之间存在短路点；如果碰到某一角度，万用表读数不为无穷大而是出现一定阻值，说明薄膜单联可变电容器动片与定片之间存在漏电现象。

第6章

认识电感器

6.1 了解电感器的功能特点

6.1.1 了解电感器的功能

  电感器就是将导线绕制成线圈形状，当电流流过时，在线圈（电感）两端就会形成较强的磁场。由于电磁感应的作用，会对电流的变化起阻碍作用。因此，电感器对直流电呈现很小的电阻（近似于短路）；对交流电呈现的阻抗较高，其阻值的大小与所通过交流信号的频率有关。同一电感元件，通过交流电流的频率越高，呈现的阻值越大。

  图 6-1 所示为电感器的基本工作特性。

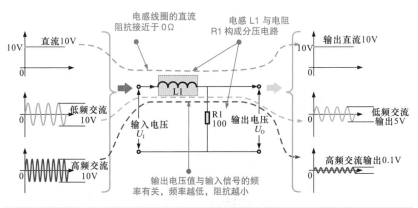

图 6-1　电感器的基本工作特性示意图

1 滤波功能

由于电感器可对脉动电流产生反电动势，对交流电流阻抗很大，对直流电流阻抗很小，因此如果将较大的电感器串接在整流电路中，就可使电路中的交流电压阻隔在电感上，滞留部分可从电感线圈流到电容器上，从而起到滤除交流的作用。

通常，电感器与电容器构成 LC 滤波电路，由电感器阻隔交流电，电容器将直流脉动电压阻隔在电容器外，进而使 LC 电路起到平滑滤波的作用。

图 6-2 所示为电感器滤波功能示意图。

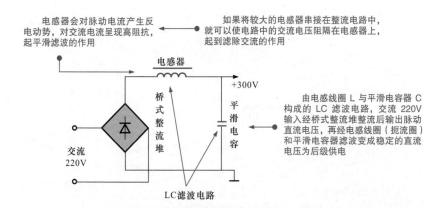

图 6-2 电感器滤波功能示意图

2 谐振功能

电感器通常可与电容器并联构成 LC 谐振电路，主要用来阻止一定频率的信号干扰。图 6-3 所示为电感器谐振功能示意图。

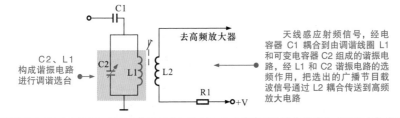

C2、L1 构成谐振电路进行调谐选台

去高频放大器

天线感应射频信号，经电容器 C1 耦合到由调谐线圈 L1 和可变电容器 C2 组成的谐振电路，经 L1 和 C2 谐振电路的选频作用，把选出的广播节目载波信号通过 L2 耦合传送到高频放大电路

图 6-3　电感器谐振功能示意图

电感器对交流信号的阻抗随频率的升高而变大。电容器的阻抗随频率的升高而变小。电感器和电容器并联构成的 LC 并联谐振电路有一个固有频率，即谐振频率。在该频率下，LC 并联谐振电路呈现的阻抗最大。利用这种特性可以制成阻波电路，也可制成选频电路。图 6-4 所示为 LC 并联谐振电路示意图。

若将电感器与电容器串联，则可构成串联谐振电路，如图 6-5 所示。该电路可简单理解为与 LC 并联电路相反。LC 串联电路对谐振频率信号的阻抗几乎为 0，阻抗最小，可实现选频功能。电感器和电容器的参数值不同，可选择的频率也不同。

081

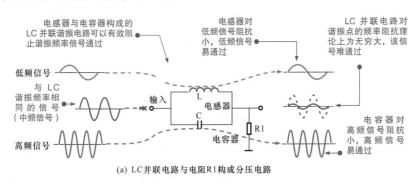

电感器与电容器构成的 LC 并联谐振电路可以有效阻止谐振频率信号通过

电感器对低频信号阻抗小，低频信号易通过

LC 并联电路对谐振点的频率阻抗理论上为无穷大，该信号难通过

低频信号

与 LC 谐振频率相同的信号（中频信号）

输入

电感器 L
C 电容器

R1

高频信号

电容器对高频信号阻抗小，高频信号易通过

(a) LC 并联电路与电阻 R1 构成分压电路

图 6-4　LC 并联谐振电路示意图

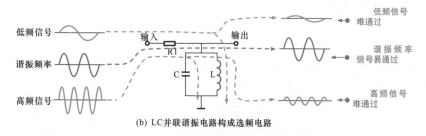

(b) LC并联谐振电路构成选频电路

图 6-4　LC 并联谐振电路示意图（续）

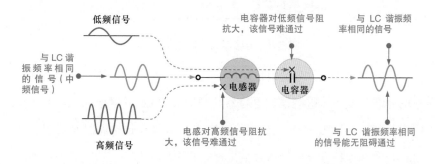

图 6-5　电感器与电容器串联后构成谐振电路

6.1.2　识读电感器的参数

1　电感器的主要参数

导线绕制成圆圈状即构成电感，绕制的圈数越多，电感量越大。电感量的单位是"亨利"，简称"亨"，用字母"H"表示，日常更多地使用"毫亨"（mH）、"微亨"（μH）为单位。它们之间的关系是：$1H=10^3mH=10^6\mu H$。

（1）电感量　电感是衡量线圈产生电磁感应能力的物理量。给一个线圈通入电流，线圈周围就会产生磁场，线圈就有磁通量通过。通入线圈的电流越大，磁场就越强，通过线圈的磁通量就越大。通过线圈的磁通量和通入的电流是成正比的，它们的比值叫作自感系数，也叫作电感

量。电感量的大小，主要决定于线圈的直径、匝数及有无铁心等，即

$$L = \frac{\varPhi}{I}$$

式中，L 为电感量，$\varPhi$ 为通过线圈的磁通量，I 为电流。

（2）电感量精度　实际电感量与要求电感量间的误差即为电感量精度，对电感量精度的要求要视用途而定。振荡线圈要求较高，为 0.2% ~ 0.5%；耦合线圈和高频扼流线圈要求较低，为 10% ~ 15%。

（3）线圈的品质因数 Q　品质因数 Q 用来表示线圈损耗的大小，高频线圈通常为 50 ~ 300。Q 值的大小，影响回路的选择性、效率、滤波特性以及频率的稳定性。线圈的品质因数 Q 的计算公式为

$$Q = \frac{\omega L}{R}$$

式中，ω 为工作角频率，L 为线圈的电感，R 为线圈的总损耗电阻。

为了提高线圈的品质因数 Q，可以采用的方法如下：

1）采用镀银铜线，以减小高频电阻；

2）采用多股的绝缘线代替具有同样总截面的单股线，以减少趋肤效应；

3）采用介质损耗小的高频瓷为骨架，以减小介质损耗；

4）减少线圈匝数，不同材料的磁芯虽然能增加磁芯损耗，但通过减小线圈匝数，从而减小导线直流电阻，对提高线圈 Q 值是非常有利的。

电感量相同的线圈，导线的直径越大，导线的股数越多，其 Q 值越大。电感器的品质因数 Q，在谐振电路中有严格的要求。电感器的品质因数 Q 的准确值要使用专门的测试仪表，如电感电容测试仪测量。

（4）固有电容　固有电容是指线圈绕组的匝与匝之间、多层绕组层

与层之间存在的分布电容。为了减少线圈的固有电容，可以减少线圈骨架的直径，用细导线绕制线圈，或采用间绕法、蜂房式绕法等。

（5）线圈的稳定性　线圈的稳定性是指线圈参数随环境条件变化而变化的程度。如线圈导线受热后膨胀，使线圈产生几何变形，从而引起电感量的变化。为了提高线圈的稳定性，可从线圈制作上采取适当措施，如采用热绕法，将绕制线圈的导线通上电流，使导线变热，然后绕制成线圈，这样导线冷却后收缩紧紧贴在骨架上，线圈不易变形，从而提高稳定性。

（6）额定电流　电感线圈正常工作时，允许通过的最大电流就是线圈的标称电流，也叫额定电流。

2　电感器色环标识的参数识读

色环标识主要是通过不同颜色的色环标注电感器的参数信息。在一般情况下，不同颜色的色环代表的含义不同，相同颜色的色环标注在不同位置上的含义也不同。图6-6所示为电感器色环标注的参数识读。

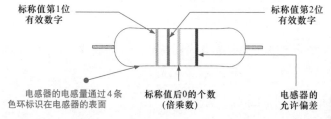

标称值第1位有效数字　　标称值第2位有效数字

电感器的电感量通过4条色环标识在电感器的表面　标称值后0的个数（倍乘数）　电感器的允许偏差

图 6-6　电感器色环标注的参数识读

提示

电感器的色环标注主要是以不同的颜色来表示的，不同颜色代表不同的有效数字和倍乘数，具体色环颜色代表含义参见表6-1。

表 6-1　色环标注法的含义表

色环颜色	色环所处的排列位		
	有效数字	倍乘数	允许偏差 (%)
银色	—	10^{-2}	± 10
金色	—	10^{-1}	± 5
黑色	0	10^{0}	—
棕色	1	10^{1}	± 1
红色	2	10^{2}	± 2
橙色	3	10^{3}	—
黄色	4	10^{4}	—
绿色	5	10^{5}	± 0.5
蓝色	6	10^{6}	± 0.25
紫色	7	10^{7}	± 0.1
灰色	8	10^{8}	—
白色	9	10^{9}	± 5 −20
无色	—	—	± 20

3　电感器色码标识的参数识读

色码标识主要是通过不同颜色的色码标注电感器的参数信息。在一般情况下，不同颜色的色码代表的含义不同，相同颜色的色码标注在不同位置上的含义也不同。图 6-7 所示为电感器色码标注的参数识读。

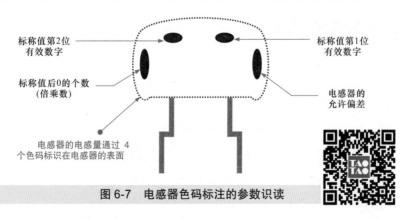

标称值第2位
有效数字

标称值第1位
有效数字

标称值后0的个数
（倍乘数）

电感器的
允许偏差

电感器的电感量通过 4
个色码标识在电感器的表面

图 6-7　电感器色码标注的参数识读

　　电感器的色码标注主要是以不同的颜色来表示的，不同颜色代表不同的有效数字和倍乘数，具体色码颜色代表含义与色环颜色含义相同，可以参见表6-1。

4　电感器直标参数的识读

　　直标法是通过一些代码符号将电感器的电感量等参数标识在电感器上。通常电感器的直标法采用的是简略方式，也就是说只标识出重要的信息，而不是所有的信息都标识出来。

　　电感器的型号命名及标注方法根据生产厂家的不同也各不相同，国内比较常见的型号命名由 3 个部分构成，图 6-8 所示为电感器直标法命名规格。

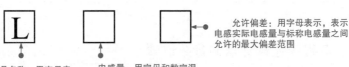

产品名称：用字母表示，如电感用 L 表示

电感量：用字母和数字混合表示电感量的大小

允许偏差：用字母表示，表示电感实际电感量与标称电感量之间允许的最大偏差范围

图 6-8　电感器直标法命名规格

　　电感器直标法的标识主要是由产品名称、电感量和允许偏差构成的，其中产品名称主要用字母表示，不同字母代表的含义见表 6-2；允许偏差用不同的字母进行表示，具体的含义见表 6-3。

表 6-2　产品名称的表示符号对照表

符号	意义	符号	意义
L	电感器、线圈	ZL	阻流圈

表 6-3　电感允许偏差的表示符号对照表

符号	意义	符号	意义
J	± 5%	M	± 20%
K	± 10%	L	± 15%

　　一些贴片式电感器由于体积较小，通常只通过有效数字的标注方式标注该电感器的电感量。这种标注方式主要有全部采用数字标注和采用数字中间加字母标注两种标注方法。

　　图 6-9 所示为全数字标注的标识方法。其中，第 3 位为"被乘数"用数字表示，如 0 表示 10^0、1 表示 10^1、2 表示 10^2、3 表示 10^3、4 表示 10^4……默认单位为"微亨"（μH）。

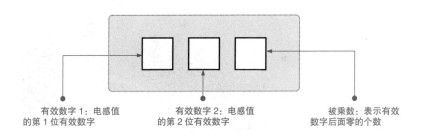

有效数字 1：电感值的第 1 位有效数字　　有效数字 2：电感值的第 2 位有效数字　　被乘数：表示有效数字后面零的个数

图 6-9　全数字标注的标识方法

　　图 6-10 所示为数字中间加字母标注形式的标识方法。

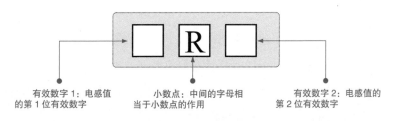

有效数字 1：电感值的第 1 位有效数字　　小数点：中间的字母相当于小数点的作用　　有效数字 2：电感值的第 2 位有效数字

图 6-10　数字中间加字母标注形式的标识方法

6.2 认识常用的电感器

6.2.1 普通电感器

1 色环电感器

色环电感器的电感量固定，它是一种具有磁芯的线圈，将线圈绕制在软磁性铁氧体的基体上，再用环氧树脂或塑料封装，并在其外壳上标以色环标识电感量的数值。图6-11所示为固定色环电感器的实物外形。

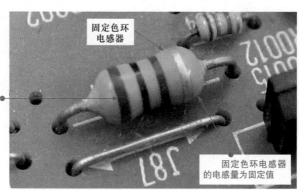

固定色环电感器

固定色环电感器采用色环标识法在表面标识出了电感器的电感量

固定色环电感器的电感量为固定值

图6-11　固定色环电感器的实物外形

2 色码电感器

色码电感器与固定色环电感器都属于小型的固定电感器，它用色码标识电感量的数值。图6-12所示为色码电感器的实物外形。

这种电感器体积小巧，性能比较稳定，广泛应用于电视机、收录机等电子设备中的滤波、陷波、扼流及延迟线等电路中。

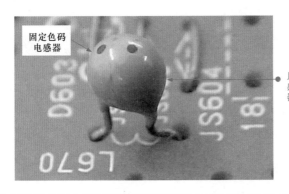

固定色码
电感器

固定色码电感器采
用码（点）标识法在电
感器表面标识出了电感
器的电感量

图 6-12　色码电感器的实物外形

6.2.2　贴片电感器

　　贴片电感器是指采用表面贴装方式安装在电路板上的一类电感器，其内部的电感量不能调整，属于固定电感器。

　　常见的贴片电感器有大功率贴片电感器和小功率贴片电感器，如图 6-13 所示。

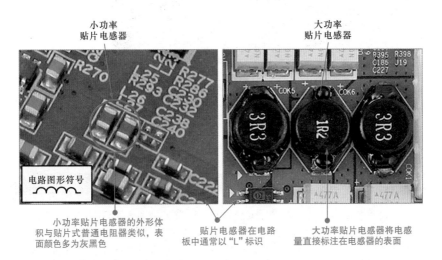

小功率
贴片电感器

大功率
贴片电感器

电路图形符号

小功率贴片电感器的外形体
积与贴片式普通电阻器类似，表
面颜色多为灰黑色

贴片电感器在电路
板中通常以"L"标识

大功率贴片电感器将电感
量直接标注在电感器的表面

图 6-13　贴片电感器的实物外形

　　贴片电感器一般应用于体积小、集成度高的数码类电子产品中。由于工作频率、工作电流、屏蔽要求各不相同，因此电感线圈的绕组匝数、骨架材料、外形尺寸区别很大。

6.2.3　微调电感器

　　微调电感器是指可以调整电感量的电感器，其电路符号为"〜〜〜"。微调电感器一般设有屏蔽外壳，磁心上设有条形槽以便调整。图 6-14 所示为微调电感器的实物外形。

微调电感器

磁心上设有条形槽以便微调电感量

屏蔽外壳将微调电感器进行封装

屏蔽外壳

图 6-14　微调电感器的实物外形

　　微调电感器都有一个可插入的磁心，通过工具调节即可改变磁心在线圈中的位置，从而实现调整电感量的大小，如图 6-15 所示。值得注意的是，在调整电感器的磁心时要使用无感螺丝刀，即非铁磁性金属材料制成的螺丝刀，如塑料或竹片等材料制成的螺丝刀，在有些情况下也可使用铜质螺丝刀。

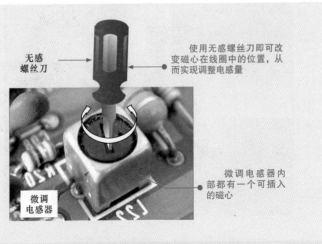

无感
螺丝刀

使用无感螺丝刀即可改
变磁心在线圈中的位置，从
而实现调整电感量

微调电感器内
部都有一个可插入
的磁心

微调
电感器

图 6-15　使用无感螺丝刀调整微调电感器

6.2.4　电感线圈

　　电感线圈是一种常见的电感器，因其能够直接看到线圈的数量和紧
密程度而得名。目前，常见的电感线圈主要有空心电感线圈、磁棒电感
线圈和磁环电感线圈等。

1　空心电感线圈

　　空心电感线圈由线圈绕制而成，通常线圈绕制的匝数较少，电感量
小，常用在高频电路中，如电视机的高频调谐器，如图 6-16 所示。

提示

　　空心电感线圈的电感量会随着线圈之间的间隙大小而发生变化。为了
防止空心线圈之间的间隙变化，调整完毕后通常用石蜡加以密封固定，这
样不仅可以防止线圈的形变，同时可以有效地防止线圈因振动而变形。

图 6-16　空心电感线圈的实物外形

2　磁棒电感线圈

磁棒电感线圈是一种在磁棒上绕制了线圈的电感元件，这使得线圈的电感量大大增加，如图 6-17 所示。

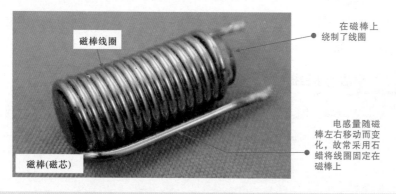

图 6-17　磁棒电感线圈

3　磁环电感线圈

磁环电感线圈的基本结构是在铁氧体磁环上绕制线圈，图 6-18 所示即为磁环线圈的实物外形。

磁环线圈

磁环线圈的电感量与线圈的匝数有关

铁氧体磁环

在铁氧体磁环上绕制线圈，可增加电感量

图 6-18 磁环线圈的实物外形

提示

　　磁环的大小、形状、铜线的绕制方法都对线圈的电感量有决定性影响，改变线圈的形状和相对位置也可以微调电感量。

093

第 7 章

练习电感器的检测

7.1　普通电感器的检测

7.1.1　色环电感器的检测

　　检测色环电感器时，可通过检测色环电感器的电感量判断色环电感器是否损坏。

　　首先识读出待测色环电感器的电感量，根据电感量调整万用表的量程。图 7-1 所示为待测色环电感器。

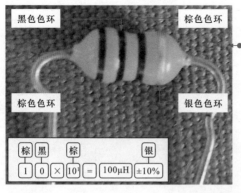

待测色环电感器的第 1 条色环为棕色，第 2 条色环为黑色。第 1 条和第 2 条表示该色环电感器的有效数字，棕色为 1，黑色为 0，即该色环电感器的有效数字为 10。第 3 条色环为棕色，表示倍乘数为 10^1；第 4 条色环为银色，表示允许偏差为 ±10%

根据色环电感器上的色环标注便能识读该色环电感器的电感量。可以看到，色环从左向右依次为 "棕""黑""棕""银"。根据前面所学的知识可以识读出该色环电感的电感量为 100 μH，允许偏差为 ±10%

图 7-1　待测色环电感器

　　打开数字式万用表的电源开关，调整万用表的量程，按图 7-2 所示安装附加测试器。

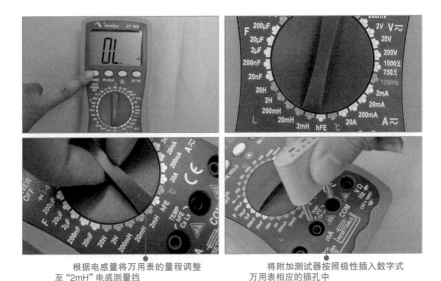

根据电感量将万用表的量程调整
至"2mH"电感测量挡

将附加测试器按照极性插入数字式
万用表相应的插孔中

图 7-2　安装附加测试器

图 7-3 所示为色环电感器的检测操作。将待测电感器的引脚插入附加测试器的"Lx"电感测量插孔中，观察显示屏显示结果。正常情况下，待测色环电感器的实测电感量应与标称值接近。当前实测的电感量为0.114mH，说明待测电感器性能良好。若实测结果与标称值相差很大，则说明待测电感器性能不良。

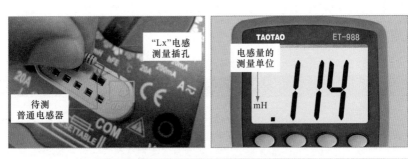

"Lx"电感
测量插孔

待测
普通电感器

电感量的
测量单位

图 7-3　色环电感器的检测操作

7.1.2 色码电感器的检测

检测色码电感器前，可先识别待测色码电感器的电感量，再对其进行检测，如图 7-4 所示。

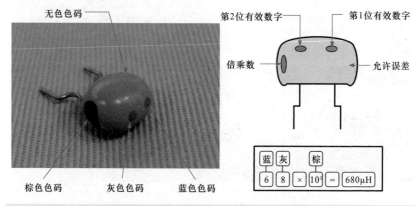

图 7-4 识别待测色码电感器的电感量

> **提示**
>
> 待测色码电感器的第 1 个色码为蓝色，表示第 1 位有效数字为 6；第 2 个色码为灰色，表示第 2 位有效数字为 8；第 3 个色码为棕色，表示倍乘数为 10^1。根据色码电感器上的色码标注便能识读该色码电感器的电感量。色码颜色依次为"蓝""灰""棕"，参照前面表 6-1 可以识读出该色码电感器的电感量为 680μH。

使用数字式万用表检测色码电感器时，通过检测电感量判断该色码电感器是否正常，如图 7-5 所示。

> **提示**
>
> 在正常情况下，检测色码电感器得到的电感量为"0.658mH"，根据单位换算公式，0.658mH × 10^3 = 658μH。若与标称值基本相近或相符，则表明色码电感器正常；若测得的电感量与标称值相差过大，则色码电感器可能已损坏。

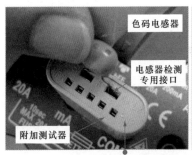

将待测色码电感器的引脚插入附加
测试器的 "Lx" 电感测量插孔中

观察显示屏显示读数，测
得的电感量为 0.658mH

图 7-5　色码电感器的检测方法

7.2　电感线圈和微调电感器的检测

7.2.1　电感线圈的检测

由于电感线圈电感量的可调性，在一些电路设计、调整或测试环节，通常需要了解其当前精确的电感量值，或其在电路中的特性参数，故需借助专用的电感电容测量仪或频率特性测试仪对其进行检测。

1　使用电感电容测量仪检测电感线圈的训练

精确测量电感器的电感量一般使用专用的电感电容测量仪进行检测，具体检测方法如图 7-6 所示。

电感量 = LC 读数 + LC 微调读数 = 0.01mH + 0.0005mH = 0.0105mH = 10.5μH。

2　使用频率特性测试仪检测电感线圈的训练

使用频率特性测试仪检测电感线圈，主要是使用频率特性测试仪对电感线圈与电容器构建的谐振电路（LC 谐振电路）进行频率特性的检测，然后通过检测的频率特性曲线完成对电感线圈性能的测试，这种检测方式在电子产品生产调试中十分常用。

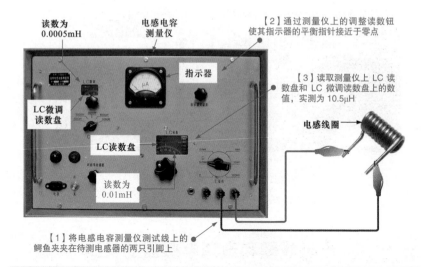

读数为
0.0005mH

电感电容
测量仪

【2】通过测量仪上的调整读数钮使其指示器的平衡指针接近于零点

指示器

【3】读取测量仪上 LC 读数盘和 LC 微调读数盘上的数值，实测为 10.5μH

LC微调
读数盘

电感线圈

LC读数盘

读数为
0.01mH

【1】将电感电容测量仪测试线上的鳄鱼夹夹在待测电感器的两只引脚上

图 7-6　使用电感电容测量仪精确检测电感量的具体方法

使用频率特性测试仪对 LC 谐振电路进行检测时，需先将仪器的"OUTPUT"端连接谐振电路的输入端，仪器的"CHA INPUT"端连接谐振电路的输出端，如图 7-7 所示。

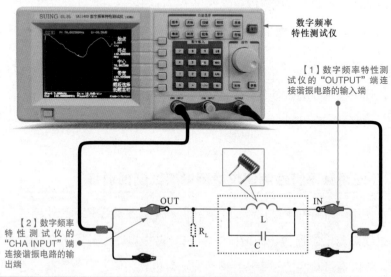

数字频率
特性测试仪

【1】数字频率测试仪的"OUTPUT"端连接谐振电路的输入端

【2】数字频率特性测试仪的"CHA INPUT"端连接谐振电路的输出端

OUT

R_L

L

C

IN

图 7-7　数字频率特性测试仪与 LC 并联谐振电路的连接

接着, 按照电子产品功能设计要求, 设定频率特性测试仪的相关参数信息, 如图 7-8 所示。

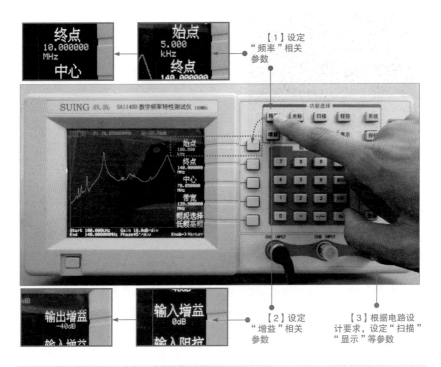

图 7-8 设定频率特性测试仪相关参数信息

这里根据需求, 可将频率特性测试仪的基本参数设置为: 始点频率为 5kHz, 终点频率为 800kHz, 仪器自动将中心频率及带宽计算显示 (中心频率 402.5kHz, 带宽 795kHz) 出来; 设置输出增益为 -40dB, 输入增益为 0dB; 显示方式为幅频显示; 扫描类型为单次, 其他参数为开机默认参数。

此时, 频率特性测试仪的显示屏上显示当前 LC 谐振电路的基本频率特性参数, 识读数值即可了解是否符合生产或调试要求, 如图 7-9 所示。

光标所在位置的频率为 173.54kHz，
增益为 −39.55dB

该特性曲线需要满足电路设计要求，否则说
明当前电感器所在电路参数不符合要求，需调整

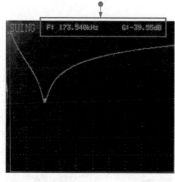

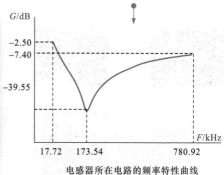

电感器所在电路的频率特性曲线

图 7-9　对电感器所在电路频率特性参数的测量结果

提示

　　一般来说，若频率特性测试仪显示的频率特性不符合电子产品生产、调试要求时，可通过调整电感线圈中线圈的稀疏程度来改变其电感量，使其最终符合电路设计需求，如图 7-10 所示。这也是设有电感器与电容器构成的谐振电路的电子产品，在调试测试中的重要参数检测环节。

改变电感线圈的稀疏
程度，从而改变电感量，
使其所在电路在测试中满
足电路设计要求

电感线圈

图 7-10　电感器构成电路的测试调整

7.2.2　微调电感器的检测

　　微调电感器一般采用万用表检测内部电感线圈直流电阻值的方法来判断其性能状态。即用万用表的电阻挡检测其内部电感线圈的阻值，正常情况下，其内部电感线圈的阻值较小，接近于 0。

　　微调电感器的检测方法如图 7-11 所示。

【1】了解微调电感器引脚功能
（找出内部电感线圈的引出脚）

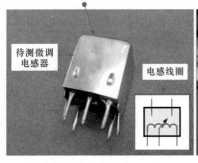

【2】将万用表挡位旋钮调至"×1"
欧姆挡，并进行欧姆校正操作

【3】将万用表的红黑表笔分别搭在待测
微调电感器内部电感线圈的两只引脚上

【4】正常情况下，微调电感器内电
感线圈的阻值较小，实测数值约为 0.5Ω

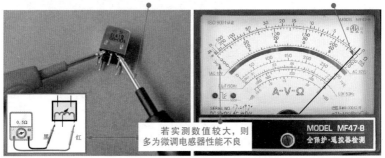

图 7-11　微调电感器的检测方法

提示

　　在正常情况下，微调电感器内部电感线圈的阻值较小，接近于 0。这种测量方法是检查线圈是否有短路或断路的情况。在正常情况下，微调电感器线圈之间均有固定阻值，若检测的阻值趋于无穷大，则说明微调电感器已损坏。

第 8 章

认识二极管

8.1　了解二极管的功能特点

8.1.1　了解二极管的功能

二极管的内部是由一个 PN 结构成的，如图 8-1 所示。

电流方向与电子的运动方向相反，与正电荷运动方向相同。在一定条件下，可以将 P 区中正空穴看作带正电的电荷。在 PN 结内，正空穴和自由电子的运动方向相反

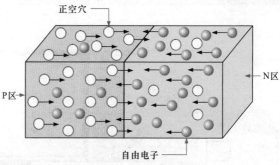

图 8-1　二极管内部的 PN 结结构

提示

　　PN 结是指用特殊工艺把 P 型半导体和 N 型半导体结合在一起后，在两者的交界面上形成的特殊带电薄层，P 型半导体和 N 型半导体通常分别被称为 P 区和 N 区。PN 结的形成是由于 P 区存在大量正空穴而 N 区存在大量自由电子，因而出现载流子浓度上的差别，于是产生扩散运动。P 区的正空穴向 N 区扩散，N 区的自由电子向 P 区扩散，正空穴与自由电子运动的方向相反。

根据二极管的内部结构，在一般情况下，只允许电流从正极流向负极，而不允许电流从负极流向正极，这就是二极管的单向导电性，如图 8-2 所示。

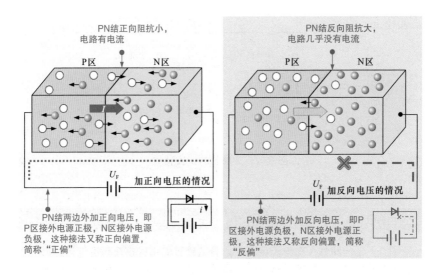

图 8-2　二极管的单向导电性

提示

当 PN 结外加正向电压时，其内部的电流方向与电源提供的电流方向相同，电流很容易通过 PN 结形成电流回路。此时，PN 结呈低阻状态（正偏状态的阻抗较小），电路为导通状态。

当 PN 结外加反向电压时，其内部的电流方向与电源提供的电流方向相反，电流不易通过 PN 结形成回路。此时，PN 结呈高阻状态，电路为截止状态。

二极管的伏安特性是指加在二极管两端电压和流过二极管电流之间的关系曲线。二极管的伏安特性通常用来描述二极管的性能，如图 8-3 所示。

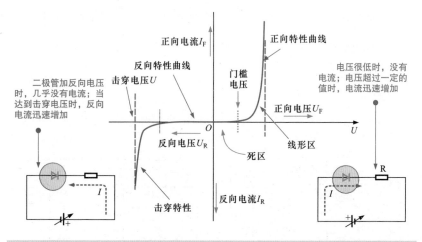

图 8-3　二极管的伏安特性

提示

（1）正向特性　在电子电路中，将二极管的正极接在高电位端，负极接在低电位端，二极管就会导通，这种连接方式被称为正向偏置。必须说明，当加在二极管两端的正向电压很小时，二极管仍然不能导通，流过二极管的正向电流十分微弱。只有当正向电压达到某一数值（这一数值俗称为"门槛电压"，锗管为 0.2 ~ 0.3V，硅管为 0.6 ~ 0.7V）以后，二极管才能真正导通。导通后，二极管两端的电压基本上保持不变（锗管约为 0.3V，硅管约为 0.7V），被称为二极管的"正向压降"。

（2）反向特性　在电子电路中，二极管的正极接在低电位端，负极接在高电位端，此时二极管中几乎没有电流流过，二极管处于截止状态，这种连接方式被称为反向偏置。二极管处于反向偏置时，仍然会有微弱的反向电流流过二极管，被称为漏电电流。反向电流（漏电电流）有两个显著特点：一是受温度影响很大；二是反向电压不超过一定范围时，电流大小基本不变，即与反向电压大小无关，因此反向电流又称为反向饱和电流。

（3）击穿特性　当二极管两端的反向电压增大到某一数值时，反向电流急剧增大，二极管将失去单方向导电特性，这种状态被称为二极管的击穿。

1　整流功能

整流二极管根据自身特性可构成整流电路，将原本交变的交流电压信号整流成同相脉动的直流电压信号，变换后的波形小于变换前的波形，如图 8-4 所示。

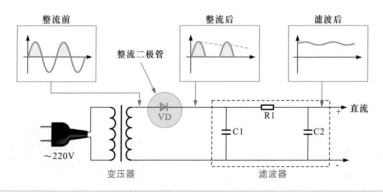

图 8-4　整流二极管的整流作用

提示

在交流电压处于正半周时，二极管 VD 导通；在交流电压负半周时，二极管截止，因而交流电压经二极管 VD 整流后就变为脉动直流电压（缺少半个周期），再经过后级电路滤波后，即可变为稳定的直流电压。

一只整流二极管构成的整流电路为半波整流电路，两只整流二极管可构成全波整流电路（两个半波整流电路组合而成），如图 8-5 所示。

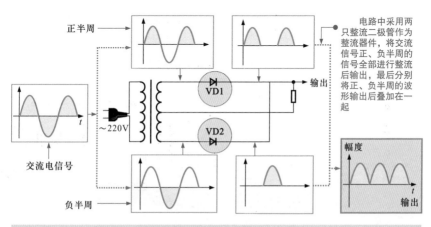

图 8-5　两只整流二极管构成的全波整流电路

　　在电子产品电路中，由 4 只整流二极管构成的桥式整流电路也十分常见，如图 8-6 所示。有些产品将 4 只整流二极管封装在一起构成一个独立器件，称为桥式整流堆。

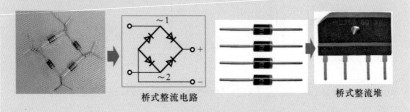

桥式整流电路　　　　　　　　　　　　　　　　桥式整流堆

图 8-6　由 4 只整流二极管构成的桥式整流电路

2　稳压功能

　　稳压二极管是利用二极管反向击穿特性而制造的稳压器件，当给二极管外加的反向电压达一定值时，二极管反向击穿，电流激增。但此时二极管并没有损坏，而且两极之间保持恒定的电压，不同的稳压二极管具有不同的稳压值。图 8-7 所示为由稳压二极管构成的稳压电路。

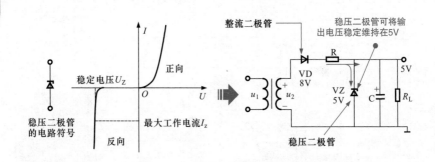

图 8-7　稳压二极管的稳压特性

提示

稳压二极管 VZ 负极接外加电压的高端，正极接外加电压的低端。当反向电压接近稳压二极管 VZ 的击穿电压值（5V）时，电流急剧增大，稳压二极管 VZ 呈击穿状态。该状态下稳压二极管两端的电压保持不变（5V），从而实现稳定直流电压的功能。

3　检波功能

检波功能是指能够将调制在高频信号上的低频包络信号检出来的功能，检波二极管就是为实现这种功能而制作的。图 8-8 所示为由检波二极管构成的检波电路。

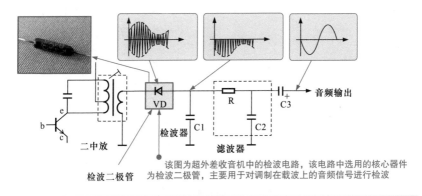

该图为超外差收音机中的检波电路，该电路中选用的核心器件为检波二极管，主要用于对调制在载波上的音频信号进行检波

图 8-8　由检波二极管构成的检波电路

提示

在该电路中，VD 为检波二极管。第二中放输出的调幅波加到检波二极管 VD 负极，由于检波二极管单向导电特性，其负半周调幅波通过检波二极管，正半周被截止，通过检波二极管 VD 后输出的调幅波只有负半周。负半周的调幅波再由 RC 滤波器滤除其中的高频成分，输出其中的低频成分，输出的就是调制在载波上的包络信号，即音频信号。整个过程称为检波。

8.1.2 识读二极管的参数

1 电容器的主要参数

（1）共性参数

1）最大整流电流 I_{OM}。最大整流电流是指二极管长期连续工作时，允许通过的最大正向平均电流值。它与 PN 结面积及外部散热条件等有关，PN 结的面积越大，最大整流电流也越大。电流超过允许值时，PN 结将因过热而烧坏。在整流电路中，二极管的正向电流必须小于该值。

2）最大反向电压 U_{RM}。最大反向电压是指保证二极管不被击穿而给出的最高反向工作电压。一般工作手册上给出的最大反向电压约为击穿电压的一半，以确保二极管安全工作。点接触型二极管的最大反向电压为数十伏，面接触型可达数百伏。在电路中如受到过高的反向电压，则二极管会损坏。

3）最大反向电流 I_{RM}。最大反向电流是指二极管在规定温度的工作状态下加上最大反向电压时的反向电流。反向电流越大，说明二极管的单向导电性越差，且受温度影响也越大；反向电流越小，说明二极管的单方向导电性能越好。硅管的反向电流较小，一般在几微安；锗管的反向电流较大，一般在几十微安至几百微安。

值得注意的是：反向电流与温度有着密切的关系，大约温度每升高 10 ℃，反向电流就会增大一倍。

4）最高工作频率 F_M。最高工作频率是指二极管能正常工作的最高频率。选用二极管时，必须使它的工作频率低于最高工作频率。超过此值时，由于结电容的作用，二极管将不能很好地体现单向导电性。

（2）特殊参数

1）稳压二极管的最大工作电流和稳定电压。稳压二极管的最大工作电流指稳压二极管长时间工作时允许通过的最大反向电流值,如图 8-9 所示。稳压二极管的稳定电压是指在起稳压作用的范围内,稳压二极管两端的反向电压值。

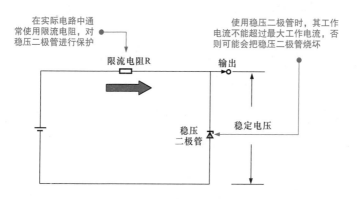

图 8-9 稳压二极管的功能

2)变容二极管的结电容变化范围和品质因数。变容二极管的结电容是指在特定反向电压下,变容二极管内部 PN 结的电容,其结构和特性如图 8-10 所示。

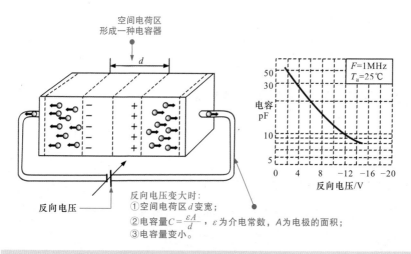

图 8-10 变容二极管的结构和特性

在实用电路中，它作为一个微调电容，改变偏压的值，就可以改变其电容的大小，故常用在调谐器电路中，与电感构成谐振电路。

结电容的变化范围就是指反向电压从零伏变化到某一值时结电容变化的范围。品质因数则是指电容器存储的能量与损耗的能量之比值。

3）发光二极管的发光强度和发光波长。发光二极管的发光强度是表示发光二极管亮度的指标，其值为通过规定的电流时在管芯垂直方向上单位面积所通过的光通量，单位是 cd。

发光二极管的发光波长是发光二极管在一定工作条件下所发出光的峰值对应的波长，也称峰值波长（λ）。发光二极管的发光颜色与发光波长有关。

4）开关二极管的反向恢复时间和正向电流。反向恢复时间是衡量开关二极管特性好坏的一个参数。开关二极管的开关时间为开通时间和反向恢复时间的总和。开通时间是指开关二极管从截止至导通所需的时间，反向恢复时间远大于开通时间。因此，反向恢复时间为开关二极管的主要参数。一般硅开关二极管的反向恢复时间为 3 ~ 10ns；锗开关二极管的反向恢复时间要长一些。

正向电流是开关二极管在正向工作电压下工作时允许通过开关二极管的正向电流。

2　国产二极管的命名与参数标识

国产二极管的命名规格是将二极管的类别、材料、规格以及其他主要参数的数值标识在二极管表面上。根据有关标准规定，二极管的型号命名由 5 个部分构成，如图 8-11 所示。

国产二极管材料 - 极性的表示符号对照见表 8-1。

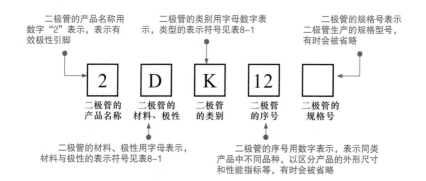

图 8-11 国产二极管的命名规格

表 8-1 我国二极管材料 - 极性和类型中不同字母或数字含义对照表

材料 - 极性符号	含义	材料 - 极性符号	含义
A	N 型 锗材料	D	P 型硅材料
B	P 型 锗材料	E	化合物材料
C	N 型 硅材料		

类型符号	含义	类型符号	含义	类型符号	含义	类型符号	含义
P	普通管	Z	整流管	U	光电管	H	恒流管
V	微波管	L	整流堆	K	开关管	B	变容管
W	稳压管	S	隧道管	JD	激光管	EF	发光二极管
C	参量管	N	阻尼管	CM	磁敏管		

3 日产二极管的命名与参数标识

日产二极管的型号命名由 5 个部分构成，如图 8-12 所示。

日产二极管有效极数或类型的表示符号对照如表 8-2 所示。

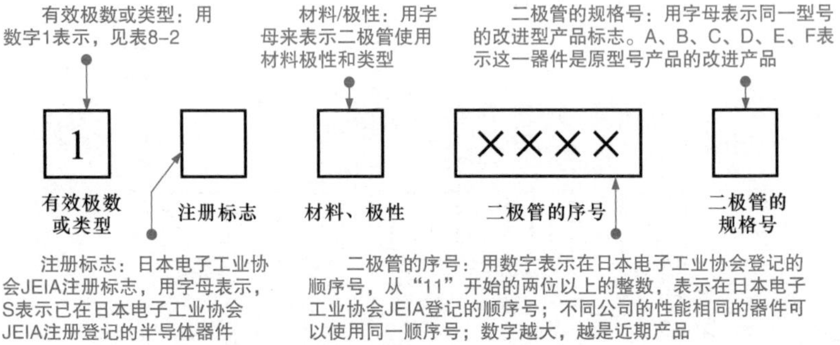

有效极数或类型：用数字1表示，见表8-2

材料/极性：用字母来表示二极管使用材料极性和类型

二极管的规格号：用字母表示同一型号的改进型产品标识。A、B、C、D、E、F表示这一器件是原型号产品的改进产品

| 1 | | | ×××× | |

有效极数或类型　　注册标志　　材料、极性　　二极管的序号　　二极管的规格号

注册标志：日本电子工业协会JEIA注册标志，用字母表示，S表示已在日本电子工业协会JEIA注册登记的半导体器件

二极管的序号：用数字表示在日本电子工业协会登记的顺序号，从"11"开始的两位以上的整数，表示在日本电子工业协会JEIA登记的顺序号；不同公司的性能相同的器件可以使用同一顺序号；数字越大，越是近期产品

图 8-12　日产二极管的命名规格

表 8-2　日产二极管有效极数或类型的表示符号对照表

符号	意义	符号	意义
0	光电（光敏）二极管	2	三极或两个 PN 结的二极管
1	二极管	3	四极或 3 个 PN 结的二极管

常用二极管参数如表 8-3 和表 8-4 所示。

表 8-3　常用的 1N4000 系列二极管耐压比较表

型号	1N4001	1N4002	1N4003	1N4004	1N4005	1N4006	1N4007
耐压 /V	50	100	200	400	600	800	1000
电流 /A	1	1	1	1	1	1	1

表 8-4　常用二极管耐压比较表

型号	1N4728	1N4729	1N4730	1N4732	1N4733	
耐压 /V	3.3	3.6	3.9	4.7	5.1	
型号	1N4734	1N4735	1N4744	1N4750	1N4751	1N4761
耐压 /V	5.6	6.2	15	27	30	75

112

4　美产二极管的命名与参数标识

美国生产的二极管命名规则较多，其中美国电子工业协会规定，二极管型号命名由 5 个部分构成，如图 8-13 所示。

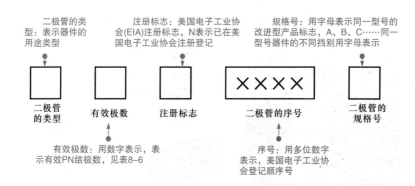

图 8-13　美产二极管的命名规格

美国生产的二极管类型的表示符号对照如表 8-5 所示。

表 8-5　美产二极管类型表示符号对照表

符号	意义	符号	意义
JAN	军级	JANS	宇航级
JANTX	特军级	无	非军用品
JANTXV	超特军级		

美国生产的二极管有效极数的表示符号对照如表 8-6 所示。

表 8-6　美产二极管有效极数表示符号对照表

符号	意义	符号	意义
1	二极管（1 个 PN 结）	3	3 个 PN 结
2	三极管（2 个 PN 结）	n	n 个 PN 结

113

8.2　认识常用的二极管

8.2.1　整流二极管

　　整流二极管是一种具有整流作用的二极管，即可将交流电整流成直流电，常应用于整流电路中。整流二极管多为面结合型二极管，结面积大、结电容大、工作频率低，多采用硅半导体材料制成。

　　整流二极管的外形特点如图 8-14 所示。

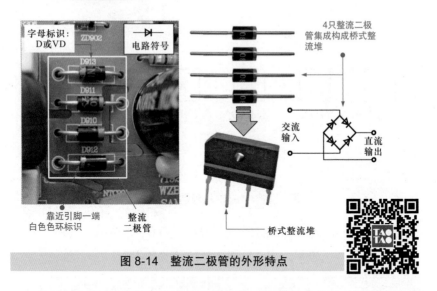

字母标识：D或VD

电路符号

4只整流二极管集成构成桥式整流堆

D913

D911

D910

D912

ZD902

交流输入

直流输出

靠近引脚一端白色色环标识

整流二极管

桥式整流堆

图8-14　整流二极管的外形特点

　　整流二极管的封装常采用金属壳封装、塑料封装和玻璃封装三种形式。由于整流二极管的正向电流较大，所以整流二极管多为面接触型二极管，结面积大、结电容大，但工作频率低。

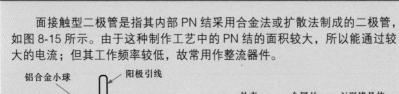

提示

　　面接触型二极管是指其内部PN结采用合金法或扩散法制成的二极管，如图8-15所示。由于这种制作工艺中的PN结的面积较大，所以能通过较大的电流；但其工作频率较低，故常用作整流器件。

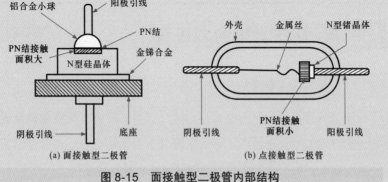

铝合金小球　阳极引线

PN结

PN结接触面积大

N型硅晶体

金锑合金

阴极引线　底座

外壳　金属丝　N型锗晶体

PN结接触面积小

阴极引线　阳极引线

(a) 面接触型二极管　　　(b) 点接触型二极管

图8-15　面接触型二极管内部结构

114

相对 PN 结面积较大的面接触型二极管而言，还有一种 PN 结面积较小的点接触型二极管。它由一根很细的金属丝和一块 N 型半导体晶片的表面接触，使触点和半导体牢固地熔接而构成 PN 结。这样制成的 PN 结面积很小，只能通过较小的电流和承受较低的反向电压，但高频特性好。因此点接触型二极管主要用于高频和小功率的电路，或用作数字电路中的开关器件。

8.2.2 发光二极管

发光二极管是指在工作时能够发光的二极管，英文简称 LED，常用于显示器件或光电控制电路中的光源。图 8-16 所示为发光二极管的实物外形。

发光二极管具有工作电压低、工作电流很小、抗冲击和抗震性能好、可靠性高、寿命长的特点。

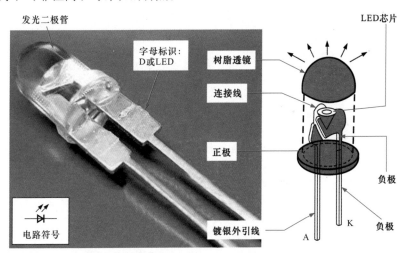

图 8-16 发光二极管的实物外形

提示

发光二极管是将电能转化为光能的器件，通常用元素周期表中的Ⅲ族和Ⅴ族元素的砷化镓、磷化镓等化合物制成。采用不同材料制成的发光二极管可以发出不同颜色的光，常见的有红光、黄光、绿光、橙光等。

发光二极管是一种利用 PN 结正向偏置时两侧的多数载流子直接复合释放出光能的发光器件，在正常工作时处于正向偏置状态，当正向电流达到一定值时就会发光。

除这些单色发光二极管外，还有可以发出两种颜色光的双向变色二极管和三色发光二极管。三色发光二极管能够发出红色、绿色和蓝色 3 种颜色的光，其实物外形如图 8-17 所示。

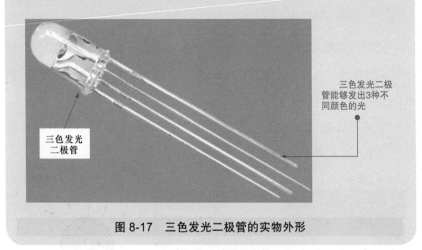

三色发光二极管能够发出3种不同颜色的光

三色发光二极管

图 8-17   三色发光二极管的实物外形

8.2.3   稳压二极管

稳压二极管是由硅材料制成的面结合型二极管，利用 PN 结反向击穿时其两端电压固定在某一数值且基本上不随电流大小变化而变化的特点来进行工作，因此可达到稳压的目的。这里的反向击穿状态是正常工作状态，并不损坏二极管。

图 8-18 所示为典型稳压二极管的实物外形。从外形上看，它与普通小功率整流二极管相似，主要有塑料封装、金属封装和玻璃封装三种封装形式。

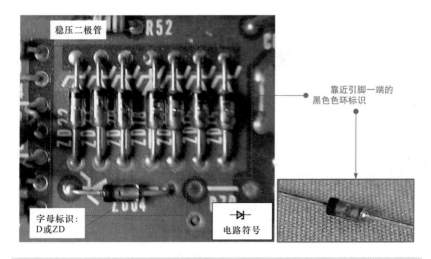

稳压二极管

R52

靠近引脚一端的
黑色色环标识

字母标识：
D或ZD

电路符号

图 8-18　典型稳压二极管的实物外形

提示

半导体器件中，PN 结具有正向导通、反向截止的特性。但对于稳压二极管来说，若反向加入电压较高，该电压足以使其内部 PN 结反方向也导通，这个电压称为击穿电压。

在实际应用中，当加在稳压二极管上的反向电压临近击穿电压时，二极管反向电流急剧增大，发生击穿。这时电流在很大范围内改变时，二极管两端电压基本保持不变，起到稳定电压的作用，其特性与普通二极管不同。

值得注意的是，稳压二极管在电路上应用时应串联限流电阻，即必须限制反向通过的电流，不能让稳压二极管击穿后电流无限增长，否则将立即被烧毁。

8.2.4　光敏二极管

光敏二极管又称为光电二极管。光敏二极管的特点是当受到光照射时，二极管反向阻抗会随之变化（随着光照的增强，反向阻抗会由大到小）。利用这一特性，光敏二极管常用作光电传感器件使用。图 8-19 所示为典型光敏二极管的实物外形。

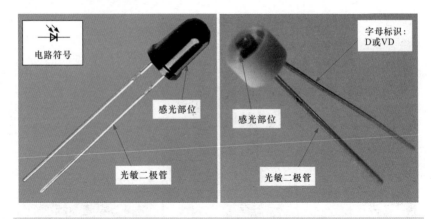

图 8-19　光敏二极管的实物外形

8.2.5　检波二极管

检波二极管是利用二极管的单向导电性，再与滤波电容配合，可以把叠加在高频载波上的低频信号检出来的器件。这种二极管具有较高的检波效率和良好的频率特性，常用在收音机的检波电路中。

图 8-20 所示为检波二极管的实物外形，该类二极管多采用塑料、玻璃或陶瓷外壳，以保证良好的高频特性。

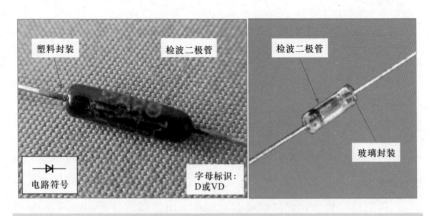

图 8-20　检波二极管的实物外形

检波效率是检波二极管的特殊参数，它是指在检波二极管输出电路的电阻负载上产生的直流输出电压与加于输入端的正弦交流信号电压峰值之比的百分数。

8.2.6 变容二极管

变容二极管是利用 PN 结的电容随外加电压变化而变化这一特性制成的非线性半导体器件，在电路中起电容器的作用，被广泛地用于超高频电路中的参量放大器、电子调谐及倍频器等高频和微波电路中。图 8-21 所示为典型变容二极管的实物外形。

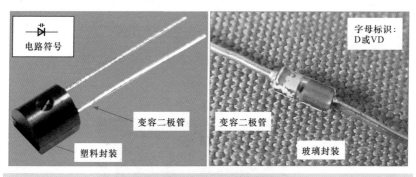

电路符号

变容二极管

塑料封装

字母标识：D 或 VD

变容二极管

玻璃封装

图 8-21　典型变容二极管的实物外形

119

变容二极管是利用 PN 结空间能保持电荷具有电容器特性的原理制成的特殊二极管，该二极管两极之间的电容量为 3 ~ 50pF，实际上是一个电压控制的微调电容，主要用于调谐电路。

8.2.7 双向触发二极管

双向触发二极管又称为二端交流器件（简称 DIAC）。它是一种具有

3 层结构的对称两端半导体器件，常用来触发晶闸管，或用于过电压保护、定时、移相电路。图 8-22 所示为典型双向触发二极管的实物外形。

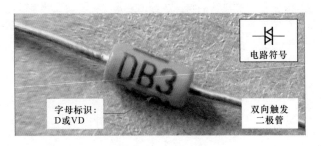

图 8-22　典型双向触发二极管的实物外形

8.2.8　快恢复二极管

快恢复二极管（FRD）也是一种高速开关二极管，开关特性好，反向恢复时间很短，正向压降低，反向击穿电压较高（耐压值较高）。

快恢复二极管的外形特点如图 8-23 所示。

图 8-23　快恢复二极管的外形特点

第 9 章

练习二极管的检测

9.1 二极管的检测方法

9.1.1 二极管引脚极性的判别

二极管有正负极之分，检测前应准确区分引脚极性，这是检测二极管的关键环节。

二极管的引脚极性可以根据二极管上的标识信息识别，对于一些没有明显标识信息的二极管，可以使用万用表的欧姆挡进行简单的检测判别，如图 9-1 所示。

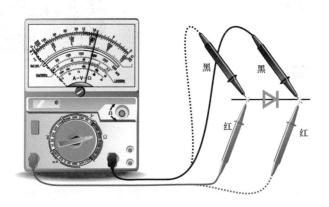

图 9-1 二极管引脚极性的检测判别方法

提示

　　将指针式万用表的功能旋钮置于"×1k"欧姆挡，将万用表的黑表笔搭在二极管的一侧引脚上，红表笔搭在另一侧引脚上，记录测量结果，然后调换表笔再次测量。在使用指针式万用表检测阻值较小的二极管操作中，黑表笔所接引脚为二极管的正极，红表笔所接引脚为二极管的负极；使用数字式万用表判别正好相反，在检测阻值较小的二极管的操作中，红表笔所接为二极管的正极，黑表笔所接为二极管的负极。

　　一般来说，大部分二极管会在外壳上标注极性，有些通过电路图形符号标识，有些通过色环或引脚长短特征标注，如图 9-2 所示。

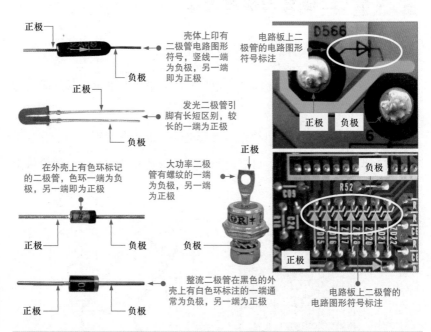

图 9-2　二极管引脚极性的标注

　　识别安装在电路板上二极管的引脚极性时，可观察二极管附近或背面焊点周围有无标注信息，根据标注信息很容易识别引脚的极性。此外，也可根据二极管所在的电路，找到对应的电路图纸，根据图纸中的电路图形符号识别引脚极性。

9.1.2　二极管制作材料的判别

　　二极管的制作材料有锗半导体材料和硅半导体材料，在对二极管进行选配、代换时，准确区分二极管的制作材料是十分关键的步骤。

　　判别二极管制作材料时，主要依据不同材料二极管的导通电压有明显区别这一特点进行判别，通常使用数字式万用表的二极管挡进行检测。

　　如图 9-3 所示，将万用表的挡位设置在二极管挡，红黑表笔任意搭在二极管的两引脚上，观察万用表的读数。若实测二极管的正向导通电压在 0.2 ~ 0.3V 范围内，则说明所测二极管为锗二极管；若实测数据在 0.6 ~ 0.7V 范围内，则说明所测二极管为硅二极管。

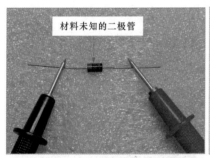

图 9-3　二极管制作材料的检测判别

9.2　二极管检测实例

9.2.1　整流二极管的检测

　　检测整流二极管时，可使用万用表分别对待测整流二极管的正、反向阻值及导通电压进行检测。

　　图 9-4 所示为待测的整流二极管。通常可使用万用表检测其引脚间正、反向阻值，根据检测结果来判断其是否正常。

负极

带有环状
标识的一侧为
负极，另一侧
则为正极

待测整流
二极管

正极

图 9-4　待测的整流二极管

如图 9-5 所示，调整好指针式万用表挡位后，将红黑表笔搭在整流二极管的两引脚上，根据检测结果判断出整流二极管是否正常。

【2】黑表笔搭在整流二极管的正极上

【4】万用表测得的阻值为3kΩ，对换表笔位置，测得反向阻值为无穷大

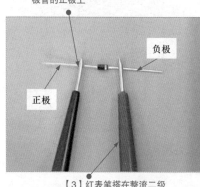

负极

正极

【3】红表笔搭在整流二级管的负极上，检测正向阻值

【1】万用表挡位设置在"×1k"欧姆挡

图 9-5　整流二极管正、反向阻值的检测方法

正常情况下，整流二极管的正向阻值为几千欧姆（该二极管正向阻值为 3kΩ 左右），反向阻值为无穷大。若正、反向阻值都为无穷大或阻值都很小，则说明该整流二极管已损坏。整流二极管的正反向阻值相差越大越好，若测得正反向阻值相近，说明该整流二极管性能不良。若指针一直不断摆动，不能停止在某一阻值上，多为该整流二极管的热稳定性不好。

提示

　　一般情况下检测二极管时，黑表笔搭在二极管的正极时，检测的是二极管正向阻值。这是由万用表的内部结构来决定的，其内部电池的正极连接黑表笔，电池的负极连接红表笔。根据二极管的单向导电特性，当二极管正极加电源正极、负极加电源负极时，是为二极管加正向电压，这样结合起来就不难理解了。

　　但要特别注意，数字式万用表情况正好相反，其黑表笔搭在二极管的正极时，检测的是二极管的反向阻值。

　　图 9-6 所示为整流二极管导通电压的检测方法。检测时可通过数字式万用表检测其导通电压，从而判断其是否正常。

使用数字式万用表检测二极管时，表笔位置正好相反

【4】万用表测得的正向导通电压为0.510V

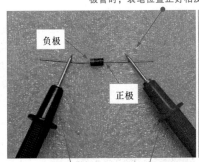

负极

正极

【2】黑表笔搭在整流二极管的负极

【3】红表笔搭在整流二极管的正极，检测正向导通电压

【1】万用表挡位设置在二极管测量挡

【5】对换红黑表笔所搭位置

【6】万用表无法测出反向导通电压

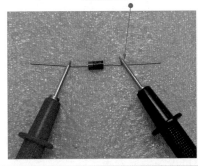

图 9-6　整流二极管导通电压的检测方法

正常情况下，整流二极管有一定的正向导通电压，但没有反向导通电压。若实测整流二极管的正向导通电压在 0.2 ~ 0.3V，则说明该整流二极管为锗材料制作；若实测在 0.6 ~ 0.7V，则说明所测整流二极管为硅材料制作；若测得电压不正常，说明整流二极管性能不良。

9.2.2 发光二极管的检测

检测发光二极管时，可使用万用表检测其引脚间正反向阻值，根据检测结果来判断其是否正常。图 9-7 所示为发光二极管正向阻值的检测。

【3】红表笔搭在负极引脚上，发光二极管发光

【4】万用表测得的阻值为20kΩ

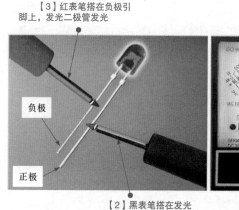

负极

正极

【2】黑表笔搭在发光二极管的正极引脚上

【1】万用表挡位设置在"×1k"欧姆挡

图 9-7　发光二极管正向阻值的检测

图 9-8 所示为发光二极管反向阻值的检测。正常情况下，黑表笔搭正极，红表笔搭负极，发光二极管能发光，且有一定的正向阻值（该发光二极管为 20 kΩ 左右）；对换表笔后，发光二极管不能发光，反向阻值为无穷大。若正向阻值和反向阻值都趋于无穷大，说明发光二极管存在断路故障；若正向阻值和反向阻值都趋于 0，说明发光二极管击穿短路；若正向阻值和反向阻值都很小，可以断定该发光二极管已被击穿。

【2】黑表笔搭在发光
二极管的负极引脚上

【4】万用表测得
的阻值为无穷大

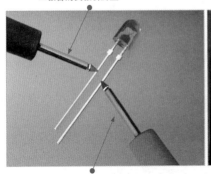

【3】红表笔搭在发光二级管的
正极引脚上，发光二级管不发光

【1】万用表挡位设置
在"×1k"欧姆挡

图 9-8　发光二极管反向阻值的检测方法

提示

　　在检测发光二极管的正向阻值时，选择不同的欧姆挡量程，发光二极管所发出的光亮度也会不同，如图 9-9 所示。通常，所选量程的输出电流越大，发光二极管的光越亮。

"×10k"欧姆
挡时的亮度

"×100"欧姆
挡时的亮度

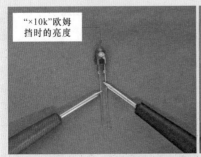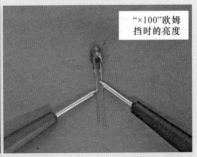

图 9-9　发光二极管的发光亮度

9.2.3　稳压二极管的检测

　　检测稳压二极管时，可使用万用表分别对待测稳压二极管的正反向阻值进行检测。

图 9-10 所示为待测的稳压二极管。通常可使用万用表检测其引脚间正反向阻值，根据检测结果来判断其是否正常。

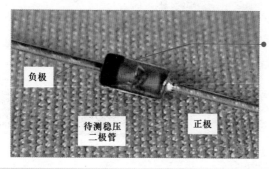

带有环状标识的一侧为负极，另一侧则为正极

负极

待测稳压二极管

正极

图 9-10　待测的稳压二极管

检测时，将万用表的黑表笔搭在稳压二极管的正极，红表笔搭在稳压二极管的负极，检测稳压二极管正向阻值；然后将红黑表笔对调，检测反向阻值，观察万用表的读数，如图 9-11 所示。

【2】黑表笔搭在稳压二极管的负极上

【4】万用表测得的反向阻值为无穷大；对换表笔位置，测得正向阻值为9kΩ左右

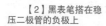
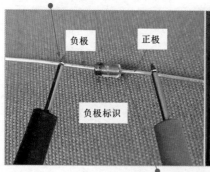

负极　　正极

负极标识

【3】红表笔搭在稳压二极管的正极上，检测反向阻值

【1】万用表挡位设置在"×1k"欧姆挡

图 9-11　稳压二极管正反向阻值的检测方法

正常情况下，稳压二极管的正向阻值为几千欧（该稳压二极管约为 9kΩ），反向阻值为无穷大。若测得的阻值均为无穷大或零，说明该稳

压二极管已经损坏。

提示

　　使用万用表检测稳压二极管的稳压值时，必须在外加电压（提供反向电流）的条件下进行。将稳压二极管（稳压值为6V）与12V供电电源、限流电阻（1kΩ）搭成图9-12所示电路，将万用表调至"直流10V"电压挡，黑表笔搭在稳压二极管正极，红表笔搭在稳压二极管负极，观察万用表所显示的电压值。

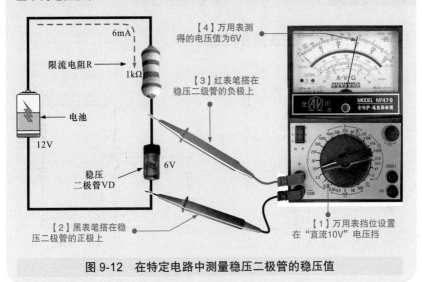

图 9-12　在特定电路中测量稳压二极管的稳压值

　　正常情况下，万用表所测电压值应与稳压二极管的额定稳压值相同；若检测的电压与稳压二极管稳压规格不一致，说明稳压二极管不正常。

第 10 章

认识三极管

10.1 了解三极管的功能特点

10.1.1 了解三极管的功能

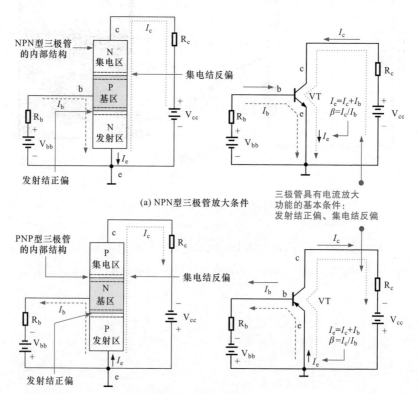

(a) NPN型三极管放大条件

(b) PNP型三极管放大条件

图 10-1 三极管的电流放大功能

1　电流放大功能

　　三极管是一种电流控制器件，三极管必须接在相应的电路中加上电源偏压才能工作。其中，集电极电流受基极电流的控制，集电极电流等于 βI_b，发射极电流 I_e 等于集电极电流和基极电流之和，集电极电流与基极电流之比即为三极管的放大倍数 β。

　　三极管最重要的功能就是放大电流，由基极输入一个很小的电流就可控制集电极较大的电流，三极管的电流放大功能如图 10-1 所示。

　　三极管具有放大功能的基本条件是保证基极和发射极之间加正向电压（发射结正偏），基极与集电极之间加反向电压（集电结反偏）。基极相对于发射极为正极性电压，基极相对于集电极则为负极性电压。

提示

　　三极管的放大作用可以理解为一个水闸，如图 10-2 所示。由水闸上方流下的水流可以理解为集电极（c）的电流 I_c，由水闸侧面流入的水流称为基极（b）电流 I_b。当 I_b 有水流流过，冲击闸门，闸门便会开启，集电极便产生很大的电流，这样水闸侧面的水流（相当于电流 I_b）与水闸上方的水流（相当于电流 I_c）就汇集到一起流下（相当于发射极 e 的电流 I_e）。

　　可以看到，水闸侧面流过很小的水流流量（相当于电流 I_b），就可以控制水闸上方（相当于电流 I_c）流下的大水流流量。这就相当于三极管的放大作用，如果水闸侧面没有水流流过，就相当于基极电流 I_b 被切断，那么水闸闸门关闭，上方和下方就都没有水流流过，相当于集电极（c）到发射极（e）的电流也被关断了。

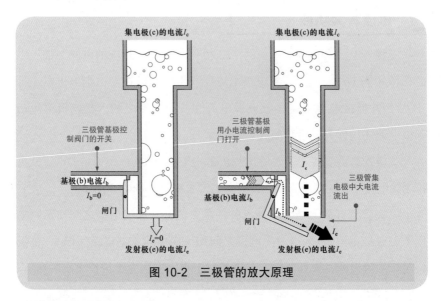

图 10-2　三极管的放大原理

2　开关功能

　　三极管的集电极电流在一定的范围内随基极电流呈线性变化，这就是放大特性。但当基极电流高过此范围时，三极管集电极电流会达到饱和值（导通），而低于此范围则三极管会进入截止状态（断路），利用这种导通或截止的特性，在电路中还可起到开关的作用。

　　图 10-3 所示为三极管在电路中起开关作用的电路。

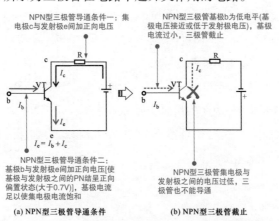

NPN型三极管导通条件一：集电极c与发射极e间加正向电压

NPN型三极管基极b为低电平(基极电压接近或低于发射极电压)，基极电流过小，三极管截止

I_c

$I_e = I_b + I_c$

NPN型三极管导通条件二：基极b与发射极e间加正向电压[使基极与发射极之间的PN结呈正向偏置状态(大于0.7V)]，基极电流足以使集电极电流饱和

NPN型三极管集电极与发射极之间的电压过低，三极管也不能导通

(a) NPN型三极管导通条件　　**(b) NPN型三极管截止**

图 10-3　三极管的开关功能

提示

基极与发射极之间的 PN 结称为发射结，基区与集电极之间的 PN 结称为集电结。当 PN 结两边外加正向电压时，即 P 区接外电源正极，N 区接外电源负极，这种接法又称正向偏置，简称"正偏"。当 PN 结两边外加反向电压时，即 P 区接外电源负极，N 区接外电源正极，这种接法又称反向偏置，简称"反偏"。

10.1.2　识读三极管的参数

1　三极管的特性曲线

三极管的特性曲线是指三极管各极的电压与电流之间的关系曲线，该曲线直观地表达出三极管的基本性能。

三极管特性曲线分为输入特性曲线和输出特性曲线。从使用角度上看，了解三极管特性曲线比了解其内部物理变化过程更重要。因为三极管特性曲线是分析放大电路，特别是图解分析法的重要依据和基础。

三极管特性曲线可用三极管特性图示仪显示，也可实测得出（图 10-4 给出了实测电路）。输入特性曲线在输入回路测量，输出特性曲线在输出回路测量。

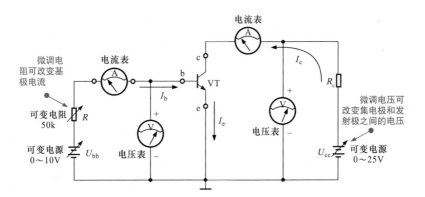

图 10-4　三极管特性测试电路

注意测量电流时电流表要串接在电路中，使电路中的电流全部经过电流表。测量电压时，电压表要并接在被测量电路的两端，流过电压表的电流很小，几乎可忽略不计。

（1）三极管的输入特性曲线　输入特性曲线是指当集-射极之间的电压 U_{ce} 为某一常数时，输入回路中的基极（b）电流 I_b 与加在基-射极间的电压 U_{ce} 之间的关系曲线，即

$$I_b=f(U_{be}) \mid U_{ce=常数}$$

图 10-5 所示为实测三极管的输入特性曲线。由图中左下部曲线可以看出，三极管输入特性曲线与二极管正向伏安特性曲线是一样的，因为三极管输入特性实际上就是发射结的正向伏安特性。不同的只是存在一个集射电压 U_{ce}，这个电压只影响 I_b 的大小，不影响 I_b 与 U_{ce} 之间的变化关系。

在三极管内部，U_{ce} 的主要作用是保证集电结反偏。当 U_{ce} 很小不能使集电结反偏时，这时三极管完全等同于二极管。

当 U_{ce} 使集电结反偏后，集电结内电场就很强，能将扩散到基区的自由电子中的绝大部分拉入集电区。这样与 U_{ce} 很小（或不存在）相比，I_b 增大了。因此，U_{ce} 并不改变特性曲线的形状，只使曲线下移一段距离。

事实上，对于硅管，当 $U_{ce} \geq 1V$ 时，集电结就已反偏。若再增大 U_{ce}，只要 U_{be} 不变，则 I_b 基本不变。即 $U_{ce} \geq 1V$ 以后的输入特性曲线基本上与 $U_{ce}=1V$ 的特性重合，因此通常将 $U_{ce}=1V$ 输入特性曲线作为三极管的输入特性曲线。

与二极管伏安特性一样，三极管输入特性曲线中也存在一段死区及死区电压。硅管的死区电压约为 0.5V，锗管的死区电压约为 0.2V。只有在 U_{be} 超过死区电压时，三极管才可以正常工作。正常情况下，NPN 型硅管的发射结电压 U_{be} 为 0.6～0.7V，PNP 型锗管的 U_{be} 为 -0.3～-0.2V。

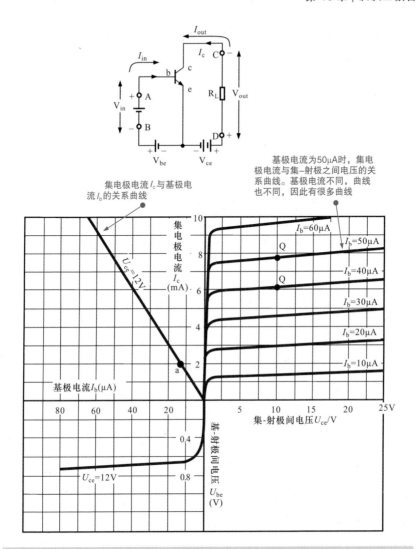

图 10-5　三极管〔发射极（e）接地〕输入特性曲线

（2）三极管的输出特性曲线　输出特性曲线是指当基极（b）电流 I_b 为常数时，输出电路中集电极（c）电流 I_c 与集 - 射极间的电压 U_{ce} 之间的关系曲线，即

$$I_c = f(U_{ce}) \mid I_{b=常数}$$

因为 I_c 与 I_b 密切相关，I_b 不同也就对应不同的特性曲线，所以三极管输出特性曲线是一组曲线，如图 10-5 右上部曲线和图 10-6 所示。

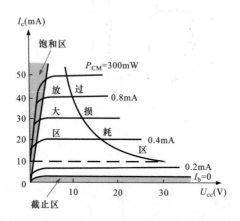

图 10-6　三极管的工作区

根据三极管不同的工作状态，输出特性曲线分为 3 个工作区。

1）截止区。$I_b=0$ 曲线以下的区域称为截止区。$I_b=0$ 时 $I_c=I_{CEO}$，该电流称为穿透电流，其值极小，通常忽略不计。故认为此时 $I_c=0$，三极管无电流输出，说明三极管已截止。对于 NPN 型硅管，当 $U_{be} < 0.5V$ 即在死区电压以下时，三极管就已开始截止。为了可靠截止，常使 $U_{ce} < 0$，这样发射结和集电结都处于反偏状态。此时的 U_{ce} 近似等于集电极（c）电源电压 U_{cc}，意味着集电极（c）与发射极（e）之间开路，相当于集电极（c）与发射极（e）之间的开关断开。

2）放大区。在三极管的输出特性曲线中，接近水平的部分是放大区。在放大区内，三极管的工作特点是：发射结正偏，集电结反偏；$I_c=\beta I_b$，集电极（c）电流与基极（b）电流成正比。因此，放大区又称为线性区。

3）饱和区。特性曲线上升和弯曲部分的区域称为饱和区。当 $U_{ce}=U_{be}$ 时，即 $U_{ce} \doteq 0$，集电结电压为零。这样集电区收集扩散到基区的自由电子的能力大大减弱，I_b 对 I_c 的控制作用不复存在，三极管的放大作用消失，三极管的这种工作状态称为临界饱和。若 $U_{ce} < U_{be}$，则发射结和集电结都处在正偏状态，这时的三极管为过饱和状态。

在过饱和状态下，因为 U_{be} 本身小于 1V，而 U_{ce} 比 U_{be} 更小，于是可以认为 U_{ce} 近似为零。这样集电极（c）与发射极（e）短路，相当于 c 与 e 之间的开关接通。

对于三极管的输出特性曲线，以下 3 点应特别注意。

① 三极管工作在放大区时，若改变 I_b 的大小，I_c 会随之改变，对应的曲线组平坦部分上下移动。因此，改变 I_c 的唯一途径就是改变 I_b，而这正是 I_b 对 I_c 的控制作用。

② 三极管具有恒流特性。对应于不同 I_b 值的每一条输出特性曲线都经过原点。即 U_{ce} 等于零时，I_c 也等于零。增大 U_{ce}，开始时 I_c 迅速上升。当 U_{ce} 达到某个数值后，若再增大 U_{ce}，I_c 不会明显增加，这就是曲线平坦部分。这时 I_c 基本上恒定，不因 U_{ce} 变化而变化。这就是三极管的恒流特性。

③ 三极管电流放大能力的大小，反映在输出特性曲线平坦部分间隔的大小上。间隔大，即 ΔI_c 大，因而放大能力强，即 β 值也大。

2　三极管的主要参数

三极管主要参数分为表征性能的参数和使用极限的参数两类。

（1）表征性能的参数

1）电流放大系数 $\bar{\beta}$ 与 β。三极管接成共发射极（e）放大电路时，直流（静态）电流放大系数用 $\bar{\beta}$ 表示，$\bar{\beta} = I_c / I_b$。但三极管通常工作在交流信号输入的情况下，基极（b）电流产生一个变化量 ΔI_b，相应的集电极（c）电流也会产生变化量 ΔI_c，则 ΔI_c 与 ΔI_b 的比值称为三极管交流（动态）电流放大系数 β，如图 10-7 所示。

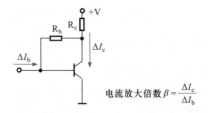

电流放大倍数 $\beta = \dfrac{\Delta I_c}{\Delta I_b}$

图 10-7 三极管集电极电流与基极电流的关系（放大倍数）

$\overline{\beta}$ 和 β 含义不同，但在输出特性放大区内，晶体管输出特性曲线接近于平行并且等距，$\beta \approx \overline{\beta}$，所以在使用时，一般用 $\overline{\beta}$ 代替 β。

由于三极管的输出特性在一定的范围内是非线性的，所以 $\overline{\beta}$ 和 β 略有差异。只有在特性曲线接近水平的部分，I_c 与 I_b 成正比，β 才可认为基本恒定。

由于制造工艺的离散性，即使同一型号的三极管，β 也有很大的差别，常用三极管的 β 一般为 $20 \sim 100$。

2）集 - 基极反向饱和电流 I_{CBO}。I_{CBO} 是发射极（e）开路时，集 - 基极间的反向电流。它是集电结反向偏置时，集电区和基区中的少数载流子漂移运动所形成的电流。I_{CBO} 数值很小，受温度影响很大，与发射结无关。

室温下，小功率锗管的 I_{CBO} 为几微安到几十微安，硅管则在 $1\mu A$ 以下。由于 I_{CBO} 是集电极（c）电流 I_c 的一部分，因此会影响三极管的放大性能，故 I_{CBO} 越小越好。在温度的稳定性方面，硅管比锗管好。图 10-8 所示为集 - 基极反向饱和电流 I_{CBO}。

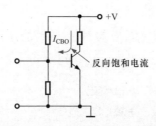

反向饱和电流

图 10-8 集 - 基极间的反向饱和电流

3）集 - 射极穿透电流 I_{CEO}。I_{CEO} 是基极（b）开路时，从集电极（c）直接穿透三极管而到达发射极（e）的电流，故称穿透电流。

当 $I_b=0$ 即基极（b）开路时，在集电结反偏、发射结正偏的情况下，由集电区漂移到基区的少数载流子即空穴形成 I_{CEO}，从发射区扩散到基区的多数载流子即自由电子绝大部分被拉入集电区，其中只有很少的部分在基区与空穴复合。在基极（b）开路的情况下，参与复合的自由电子数量上等于从集电区漂移来的空穴，即参与复合的电子电流等于 I_{CEO}，否则 I_b 就不会等于零。根据三极管电流分配关系，到达集电区的电子数为在基区复合的 β 倍。图 10-9 所示为集 - 射极穿透电流 I_{CEO} 示意图。

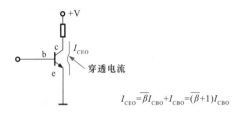

$$I_{CEO}=\overline{\beta}I_{CBO}+I_{CBO}=(\overline{\beta}+1)I_{CBO}$$

图 10-9　集 - 射极穿透电流

由于 I_{CBO} 受温度的影响很大，所以 I_{CEO} 受温度影响也很大，即温度的稳定性很差。特别是 I_{CEO} 较大且 $\overline{\beta}$ 又越高的三极管，温度的稳定性更差。因此选用三极管时，要求 I_{CEO} 尽可能小，同时 $\overline{\beta}$ 以不大于 100 为宜。

（2）使用极限参数

1）集电极（c）最大允许电流 I_{CM}。因为集电极（c）电流 I_c 超过一定值时，三极管的 β 值将会下降。因此，规定当 β 下降到正常值的 2/3 时的 I_c 为集电极（c）最大允许电流 I_{CM}。当 I_c 超过 I_{CM} 不多时，三极管不会损坏，但 β 会下降较多，三极管性能变差（失去放大能力）。

2）集 - 射极反向击穿电压 $U_{(BR)CEO}$。$U_{(BR)CEO}$ 是指当基极（b）开路时，加在集电极（c）与发射极（e）之间的最大允许电压。集 - 射极电压超过 $U_{(BR)CEO}$ 时，集电极（c）电流会大幅度上升，此时三极管已击穿，并导致损坏。

3）集电极（c）最大允许耗散功率 P_{CM}。集电极（c）电流流经集电结时会产生热量，使结温上升，过高的结温将会烧坏三极管。为确保安全，规定当三极管因受热而引起的参数变化不超过允许值时，集电极（c）所消耗的功率为集电极（c）最大允许耗散功率，$P_{CM}=I_cU_{ce}$。

一般来说，锗管允许的结温为 70℃～90℃，硅管允许的结温约为 150℃。功率较大的三极管要附加散热片。根据给定的 P_{CM} 值，可在三极管输出特性曲线上作出 P_{CM} 曲线，定出过损耗区。

（3）频率参数　三极管的主要频率参数有两个：共发射极（e）截止频率 f_β 和特征频率 f_T。

1）共发射极（e）截止频率 f_β。三极管的 β 值与工作频率也有关系，工作频率较低时，β 值大，且均匀；当频率升高时，β 值要下降。当该值下降到低频 β 值的 $1/\sqrt{2}$ 时，所对应的频率称为共发射极（e）截止频率，简称 β 截止频率 f_β，如图 10-10 所示。高频三极管和低频三极管的主要区别就是这项指标。

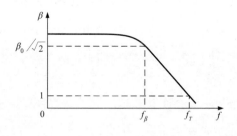

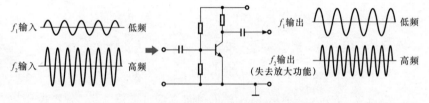

图 10-10　三极管的频率特性

2）特征频率f_T。在放大交流信号的情况下，当β值下降到1时所对应的频率称为特征频率，用f_T表示。当工作频率超过f_T后，三级管不再有电流放大能力。

3 国产三极管的命名与参数标识

国产三极管的命名规则是将三极管的类别、材料、规格以及其他主要参数的数值标识在三极管表面上。根据相关标准的规定，三极管的型号命名由 5 个部分构成，如图 10-11 所示。

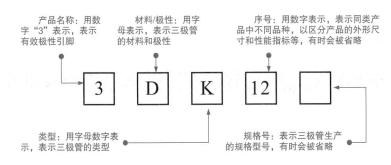

图 10-11 国产三极管的命名规则

国产三极管的命名是由产品名称、材料 / 极性、类型、序号以及规格号等构成的。其中，材料 / 极性由字母表示，不同的字母表示的含义也不同，具体见表 10-1；类型也由字母表示，不同的字母表示的含义见表 10-2。

表 10-1 国产三极管材料 / 极性的表示符号对照表

符号	意义	符号	意义
A	锗材料、PNP 型	D	硅材料、NPN 型
B	锗材料、NPN 型	E	化合物材料
C	硅材料、PNP 型		

表 10-2　国产三极管类型的表示符号对照表

符号	意义	符号	意义
G	高频小功率管	V	微波管
X	低频小功率管	B	雪崩管
A	高频大功率管	J	阶跃恢复管
D	低频大功率管	U	光敏管（光电管）
T	闸流管	J	结型场效应晶体管
K	开关管		

提示

国产三极管常见的型号标识，如图 10-12 所示。

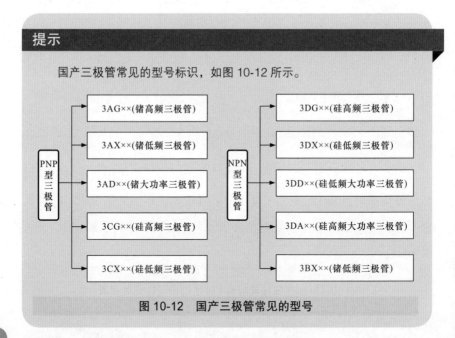

图 10-12　国产三极管常见的型号

4　日产三极管的命名与参数标识

日产三极管的型号命名由 5 个部分构成，如图 10-13 所示。

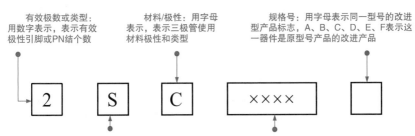

图 10-13　日产三极管的命名规则

　　日产三极管的命名是由有效极数或类型、注册标志、材料 / 极性、序号以及规格号等构成的。其中，有效极数或类型由数字表示，不同的数表示的含义也不相同，见表 10-3；材料 / 极性由字母表示，不同字母表示的含义见表 10-4。

表 10-3　日产三极管有效极数 / 类型的表示符号对照表

符号	意义	符号	意义
0	光电（光敏）二极管	2	三极或两个 PN 结的三极管
1	二极管	3	四极或 3 个 PN 结的三极管

表 10-4　日产三极管材料 / 极性的表示符号对照表

符号	意义	符号	意义
A	PNP 型高频管	G	N 控制极可控硅
B	PNP 型低频管	H	N 基极单结晶体管
C	NPN 型高频管	J	P 沟道场效应管
D	NPN 型低频管	K	N 沟道场效应管
F	P 控制极可控硅	M	双向可控硅

143

5　美产三极管的命名与参数标识

　　美国生产的三极管命名方式较多，其中美国电子工业协会规定，三极管型号命名由 5 个部分构成，如图 10-14 所示。

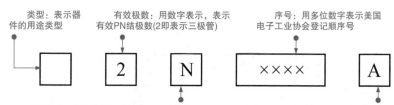

图 10-14　美产三极管的命名规格

在美产三极管的命名中，类型 / 符号的表示符号见表 10-5，有效极数的表示符号见表 10-6。

表 10-5　美产三极管的类型 / 符号的表示符对照表

符号	意义	符号	意义
JAN	军级	JANS	宇航级
JANTX	特军级	无	非军用品
JANTXV	超特军级		

表 10-6　美产三极管的有效数字 / 意义的表示符号对照表

符号	意义	符号	意义
1	二极管（1 个 PN 结）	3	3 个 PN 结
2	三极管（2 个 PN 结）	n	n 个 PN 结

10.2　认识常用的三极管

10.2.1　不同类型的三极管

三极管实际上是在一块半导体基片上制作两个距离很近的 PN 结，这两个 PN 结把整块半导体分成 3 部分，中间部分为基极（b），两侧部分为集电极（c）和发射极（e），排列方式有 NPN 和 PNP 两种，如图

10-15 所示。

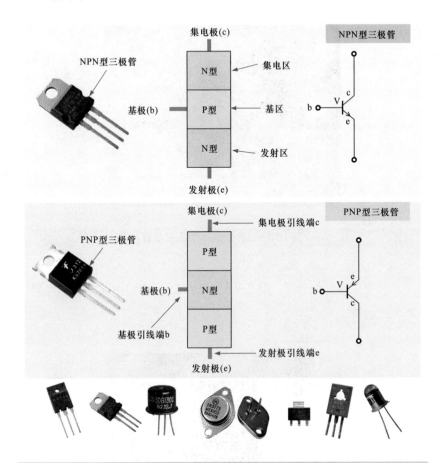

图 10-15　常见三极管的实物外形及结构

10.2.2　不同功率的三极管

　　根据功率不同，三极管可分为小功率三极管、中功率三极管和大功率三极管。

　　小功率三极管的功率一般小于 0.3W，图 10-16 所示为典型的小功率三极管。

145

图 10-16　典型的小功率三极管

中功率三极管的功率一般在 0.3 ～ 1W 之间，图 10-17 所示为典型的中功率三极管。

图 10-17　典型的中功率三极管

大功率三极管的功率一般在 1W 以上，通常需要安装在散热片上，图 10-18 所示为典型的大功率三极管。

图 10-18　典型的大功率三极管

10.2.3　不同工作频率的三极管

根据工作频率不同，三极管可分为低频三极管和高频三极管。

低频三极管的特征频率小于 3MHz，多用于低频放大电路，图 10-19 所示为典型的低频三极管。

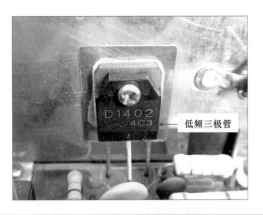

图 10-19　典型的低频三极管

高频三极管的特征频率大于 3MHz，多用于高频放大电路、混频电路或高频振荡电路等，图 10-20 所示为典型的高频三极管。

图 10-20　典型的高频三极管

10.2.4　不同封装形式的三极管

　　根据封装形式不同，三极管的外形结构和尺寸有很多种。从封装材料上来说，可分为金属封装型和塑料封装型两种。图 10-21 所示为常见的金属封装型三极管，金属封装型三极管主要有 B 型、C 型、D 型、E 型、F 型和 G 型。

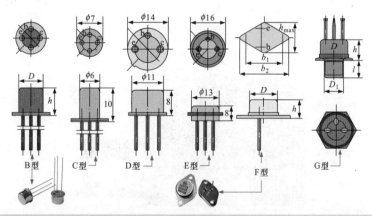

图 10-21　常见的金属封装型三极管

　　图 10-22 所示为常见的塑料封装型三极管。塑料封装型三极管主要有 S-1 型、S-2 型、S-4 型、S-5 型、S-6A 型、S-6B 型、S-7 型、S-8 型、F3-04 型和 F3-04B 型。

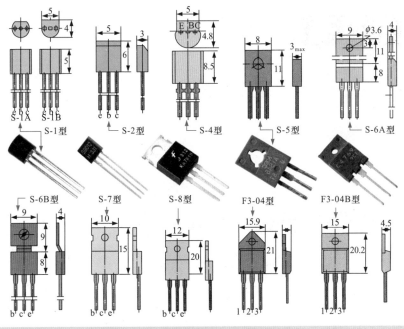

图 10-22　常见的塑料封装型三极管

10.2.5　不同制作材料的三极管

　　三极管是由两个 PN 结构成的，根据 PN 结材料的不同可分为锗三极管和硅三极管，如图 10-23 所示。从外形上看，这两种三极管并没有明显的区别。

图 10-23　不同制作材料的三极管

149

第 11 章

练习三极管的检测

11.1 三极管类型的检测

11.1.1 阻值检测法判别三极管类型 ----------------------------

当无法通过标识信息或封装规律判别三极管类型时，可通过测量阻值的方法判别三极管的类型。

图 11-1 所示为待测三极管，测量前假设待测三极管的引脚从左到右依次为 1 脚、2 脚和 3 脚。将指针式万用表的量程旋钮调至 ×1k 欧姆挡，并进行零欧姆校正。

图 11-1 待测三极管

将万用表红黑两表笔分别搭接待测三极管不同的引脚，并观察测量结果。

如图 11-2 所示，当将红表笔搭接某一引脚，黑表笔分别搭接另外两引脚，均能检测到一定阻值时，说明当前三极管为 PNP 型三极管，红表笔所接引脚为基极引脚。

黑表笔搭接在2脚　红表笔搭在最右侧引脚(3脚)　实测一定的阻值　　黑表笔搭接在1脚　红表笔搭在最右侧引脚(3脚)　实测一定的阻值

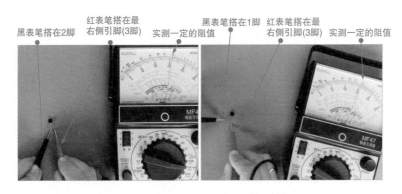

图 11-2　采用阻值测量法判别三极管的类型（PNP 型）

如图 11-3 所示，当将黑表笔搭接某一引脚，红表笔分别搭接另外两引脚，均能检测到一定阻值时，说明当前三极管为 NPN 型三极管，当前黑表笔所接引脚为基极引脚。

将黑表笔搭在2脚，红表笔搭在3脚时，实测阻值约为8.5kΩ　　将黑表笔搭在2脚，红表笔搭在1脚时，实测阻值约为9kΩ

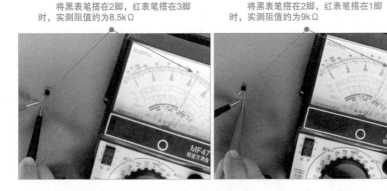

图 11-3　采用阻值测量法判别三极管的类型（NPN 型）

11.1.2 二极管检测法判别三极管类型

除通过阻值测量法判别三极管类型外，还可以通过二极管测量法判别三极管的类型。

如图 11-4 所示，使用数字式万用表判别三极管引脚极性时，可先调整数字式万用表量程至二极管测量挡。

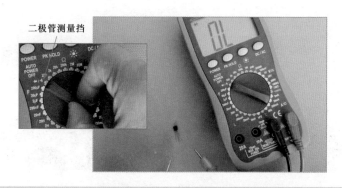

二极管测量挡

图 11-4 调整数字式万用表量程至二极管测量挡

设定待测三极管引脚排列从左到右依次为 1 脚、2 脚和 3 脚，按图 11-5 所示，当将红表笔搭接在某一引脚，黑表笔分别搭接另外两引脚，均能检测到一定数值时，说明当前三极管为 NPN 型三极管，红表笔所接引脚为基极引脚。

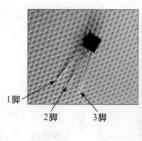

1脚
2脚   3脚

图 11-5 采用二极管检测法判别三极管的类型（NPN 型）

如图 11-6 所示，当将黑表笔搭接某一引脚，红表笔分别搭接另外两引脚，均能检测到一定数值时，说明当前三极管为 PNP 型三极管，黑表笔所接引脚为基极引脚。

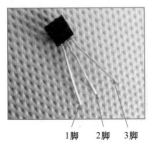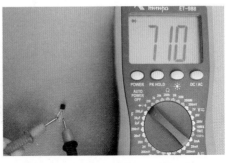

图 11-6 采用二极管检测法判别三极管的类型（PNP 型）

11.2 三极管引脚极性的检测

11.2.1 NPN 型三极管引脚极性的判别

判别 NPN 型三极管各引脚极性时，可以使用万用表检测法对各引脚间的阻值进行检测。如图 11-7 所示，首先假设 NPN 型三极管的一个引脚（中间引脚）为基极（b），将黑表笔搭在假设的基极（b）引脚上，红表笔搭在三极管另外两个引脚上。

通过以上检测，若能够测到一定的阻值，那么先前的假设成立，说明红表笔所搭的引脚为基极（b）。

接下来，则需要对 NPN 型三极管的集电极和发射极引脚进行判别。判断集电极和发射极引脚的方法如图 11-8 所示，将黑表笔搭在三极管右侧引脚上，红表笔搭在三极管左侧引脚上，用手接触基极（b）引脚和黑表笔所接引脚，万用表指针出现摆动，摆动量记为 R_1；然后，将黑表笔搭在三极管左侧引脚上，红表笔搭在三极管右侧引脚上，用手接触基极（b）引脚和黑表笔所接引脚，万用表指针出现摆动，摆动量记为 R_2。

将红表笔搭在NPN型
三极管的左侧引脚

根据万用表指针的指示，当
前所测得的阻值为7kΩ

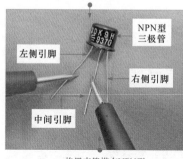

将黑表笔搭在NPN型
三极管的中间引脚

黑表笔保持不动，仍搭在NPN型三极管
的中间引脚，将红表笔搭在NPN型三极管的
右侧引脚

根据万用表指针的指示，当
前所测得结合挡位设置观察指针
指向8kΩ

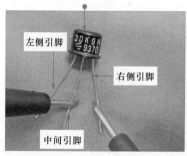

图 11-7　判断基极引脚

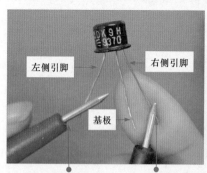

将红表笔搭在NPN型
三极管的左侧引脚

将黑表笔搭在NPN型
三极管的右侧引脚

根据万用表指针的指示，发现指针
由无穷大向右有一个摆动量，记为 R_1

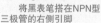

图 11-8　判断基极引脚

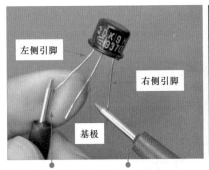

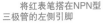

将红表笔搭在NPN型
三极管的左侧引脚

将黑表笔搭在NPN型
三极管的右侧引脚

根据万用表指针的指示，发现指针
由无穷大向右有一个摆动量，记为 R_2

图 11-8　判断基极引脚（续）

　　NPN 型三极管的发射极相对于集电极的阻值变化量较大，根据两次测量结果可知，$R_1 < R_2$，那么检测 R_2 时，黑表笔所接引脚为集电极（c），另一个引脚为发射极（e）。

提示

　　在判别集电极和发射极引脚极性时，将手接触 NPN 型三极管的基极引脚和一侧引脚时，相当于给基极加一电阻，便有微小电流通过手指流入基极，使 NPN 型三极管左侧引脚与右侧引脚间的阻抗发生变化。

　　图 11-9 所示为检测三极管 c-e 间的阻抗。

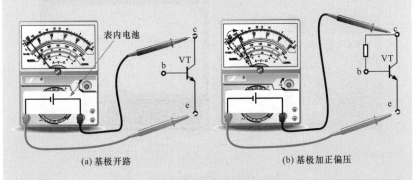

(a) 基极开路

(b) 基极加正偏压

图 11-9　检测三极管 c-e 间的阻抗

检测三极管 c-e 之间的阻抗时，表笔搭到三极管引脚上，由于万用表内由电池供电，相当于给三极管 c-e 之间加上直流偏压，当基极开路时，c-e 之间阻抗接近于无穷大。当给基极加上正偏压时（经手指的电阻），三极管 c-e 之间的阻抗会降低，表指针会向右偏摆。摆幅越大，表明放大倍数越大。如果调换表笔则供电极性反转，表指针摆幅变小。

11.2.2　PNP 型三极管引脚极性的判别

判别 PNP 型三极管各引脚极性时，具体判别方法与 NPN 型三极管的判别方法类似。判断基极引脚的方法如图 11-10 所示，首先假设 PNP 型三极管的中间引脚为基极（b）端，将红表笔搭在假设的基极（b）引脚上，黑表笔搭在三极管另外两个引脚上。

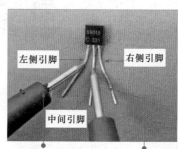

将黑表笔搭在PNP型　　　将红表笔搭在PNP型　　　根据万用表的指针指向，
三极管的左侧引脚上　　　三极管的中间引脚上　　　当前所测得的阻值为9.5kΩ

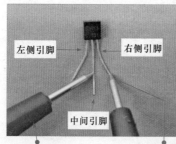
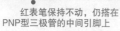

红表笔保持不动，仍搭在　　将黑表笔搭在PNP型　　　根据万用表的指针指向，
PNP型三极管的中间引脚上　　三极管的左侧引脚上　　　当前所测得的阻值为9kΩ

图 11-10　判断基极引脚

通过以上检测，若都能够测到一定的阻值，那么先前的假设成立，说明红表笔所搭的引脚为基极（b）。

接下来需要对 PNP 型三极管的集电极和发射极引脚进行判别，其方法如图 11-11 所示，将红表笔搭在 PNP 型三极管的右侧引脚上，黑表笔搭在 PNP 型三极管的左侧引脚上，用手接触基极（b）引脚和红表笔所接引脚，万用表指针出现摆动，摆动量记为 R_1。

然后对换万用表的红黑表笔，并用手接触基极（b）引脚和红表笔所接引脚，万用表指针出现摆动，摆动量记为 R_2。

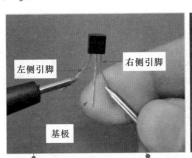

将黑表笔搭在PNP型三极管的左侧引脚上　将红表笔搭在PNP型三极管的右侧引脚上　观察万用表的指针指向，由无穷大向右有一个摆动量，记为R_1

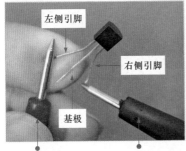

将红表笔搭在PNP型三极管的左侧引脚上　将黑表笔搭在PNP型三极管的右侧引脚上　观察万用表的指针指向，由无穷大向右有一个摆动量，记为R_2

图 11-11　判断基极引脚

PNP 型三极管的发射极相对于集电极的阻抗变化量较大。根据两次测量结果可知，$R_1 > R_2$，那么检测 R_1 时，红表笔所接引脚为集电极

（c），另一个引脚为发射极（e）。

11.3 三极管性能的检测

11.3.1 三极管放大倍数的检测

　　三极管的放大能力是其基本的性能之一，使用万用表可检测和判断三极管的放大能力。万用表设有三极管检测插孔，专门用于测量三极管的放大倍数。

　　下面以 PNP 型三极管为例，介绍三极管放大能力的检测。如图 11-12 所示，确定待测 PNP 型三极管的引脚极性，并调整万用表的量程。首先确定待测 PNP 型三极管的引脚名称，并将万用表的量程调整至 "hFE" 挡（三极管放大倍数挡）。

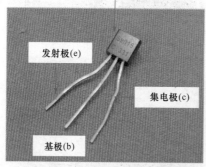
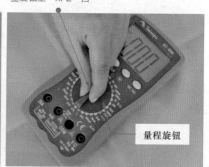

图 11-12　确定待测 PNP 型三极管的引脚极性并调整万用表的量程

　　接下来借助数字式万用表的附加测试器对三极管的放大能力进行检测，如图 11-13 所示。将待测 PNP 型三极管插入附加测试器的三极管检测插孔中，并根据数字式万用表上的数字显示，读出当前被测 PNP 型三极管的放大倍数为 212。

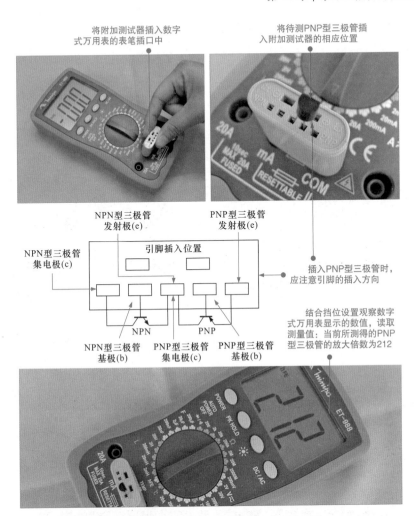

图 11-13　借助数字式万用表的附加测试器检测 PNP 型三极管的放大倍数

11.3.2　三极管特性曲线的检测

使用万用表检测三极管引脚间的阻值只能大致判断三极管的好坏，若要了解一些具体特性参数，则需要使用专用的半导体特性图示仪测试特性曲线。

159

根据待测三极管确定半导体特性图示仪旋钮、按键设定范围，将待测三极管按照极性插接到半导体特性图示仪检测插孔中，屏幕上即可显示相应的特性曲线，如图 11-14 所示。

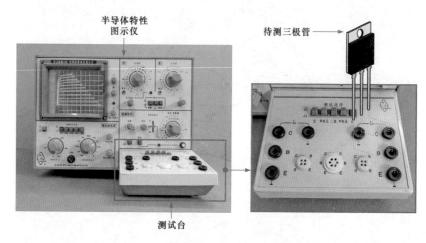

半导体特性
图示仪

待测三极管

测试台

图 11-14　三极管特性曲线的检测方法

提示

使用半导体特性图示仪检测前，需要根据待测三极管的型号查找技术手册上的参数，确定仪器旋钮、按键的设定范围，以便能够检测出正确的特性曲线。

NPN 型三极管与 PNP 型三极管性能（特性曲线）的检测方法相同，只是两种类型三极管的特性曲线正好相反，如图 11-15 所示。

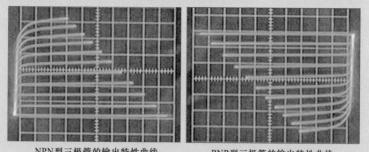

NPN型三极管的输出特性曲线　　　　PNP型三极管的输出特性曲线

图 11-15　NPN 型三极管和 PNP 型三极管的输出特性曲线

图 11-16 所示为三极管特性曲线的检测方法。

调节半导体特性图示仪的光点
清晰度，使显示效果最佳

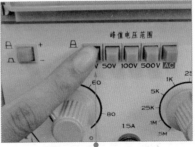

将半导体特性图示仪的峰值
电压范围设定在0～10V挡

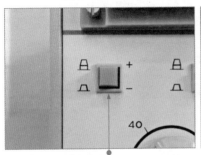

将集电极电源极性设定为正极

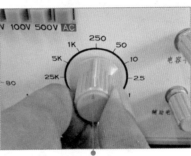

将功耗电阻设定为250Ω

X轴选择开关设定在1V/度

Y轴选择开关设定在1mA/度

图 11-16　三极管特性曲线的检测方法

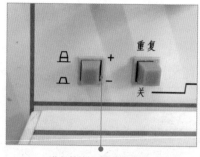

将极性按键设置为正极

将阶梯信号设定在10μA/极

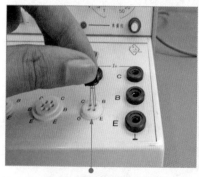

将待测三极管按引脚极性，对应
插入相应的检测插孔中

缓慢增大峰值电压，屏幕上显示
出清晰、完整的特性曲线

图 11-16　三极管特性曲线的检测方法（续）

第 12 章

认识场效应晶体管

12.1 了解场效应晶体管的功能特点

12.1.1 了解场效应晶体管的功能

场效应晶体管（Field Effect Transistor，FET），是一种具有 PN 结结构的半导体器件，具有输入阻抗高、噪声小、热稳定性好、便于集成等特点，但容易被静电击穿。

场效应晶体管的功能与晶体三极管相似，可用来制作信号放大器、振荡器和调制器等。由场效应晶体管组成的放大器基本结构有 3 种，即共源极（S）放大器、共栅极（G）放大器和共漏极（D）放大器，如图 12-1 所示。

场效应晶体管是一种电压控制器件，栅极（G）不需要控制电流，只要有一个控制电压就可以控制漏极（D）和源极（S）之间的电流。

场效应晶体管具有输入阻抗高和噪声低的特点，因此由场效应晶体管构成的放大电路常应用于小信号高频放大器中，例如收音机的高频放大器、电视机的高频放大器等。图 12-2 所示是一种简单的收音机电路，该电路中的场效应晶体管用来对天线接收的信号进行高频放大。

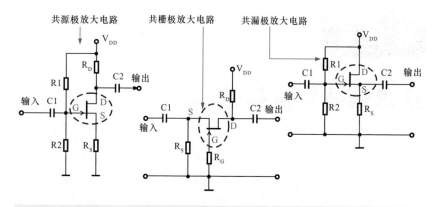

图 12-1　由场效应晶体管构成的 3 种放大器的基本结构

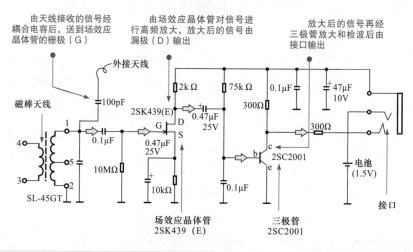

图 12-2　场效应晶体管在收音机电路中的放大功能

12.1.2　识读场效应晶体管的参数

1　场效应晶体管的特性曲线

　　不同类型的场效应晶体管工作原理也有所差异，但基本特性曲线是相似的，如图 12-3 所示。场效应晶体管有两个基本特性曲线：转移特性曲线和输出特性曲线。

场效应晶体管起放大作用时，应工作在饱和区，这一点与前面讲的三极管叫法不同。要注意，此处的"饱和区"对应三极管的"放大区"。

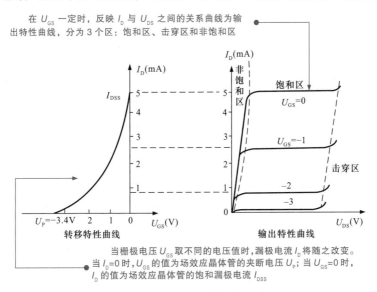

在 U_{GS} 一定时，反映 I_D 与 U_{DS} 之间的关系曲线为输出特性曲线，分为 3 个区：饱和区、击穿区和非饱和区

当栅极电压 U_{GS} 取不同的电压值时，漏极电流 I_D 将随之改变。当 $I_D=0$ 时，U_{GS} 的值为场效应晶体管的夹断电压 U_P；当 $U_{GS}=0$ 时，I_D 的值为场效应晶体管的饱和漏极电流 I_{DSS}

(a) N沟道结型场效应晶体管的特性曲线

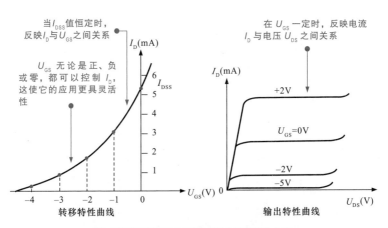

当 I_{DSS} 值恒定时，反映 I_D 与 U_{GS} 之间关系

U_{GS} 无论是正、负或零，都可以控制 I_D，这使它的应用更具灵活性

在 U_{GS} 一定时，反映电流 I_D 与电压 U_{DS} 之间关系

(b) N沟道耗尽型MOS场效应晶体管的特性曲线

图 12-3 场效应晶体管的两个基本特性曲线

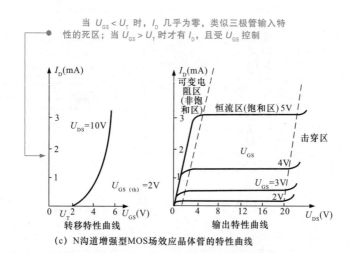

当 $U_{GS} < U_T$ 时，I_D 几乎为零，类似三极管输入特性的死区；当 $U_{GS} > U_T$ 时才有 I_D，且受 U_{GS} 控制

(c) N沟道增强型MOS场效应晶体管的特性曲线

图 12-3　场效应晶体管的两个基本特性曲线（续）

2　场效应晶体管的主要参数

（1）夹断电压 U_P　在结型场效应晶体管（或耗尽型绝缘栅型场效应晶体管）中，当栅源间反向偏压 U_{GS} 足够大时，沟道两边的耗尽层充分地扩展，并会使沟道"堵塞"，即夹断沟道（$I_{DS} \approx 0$）。此时的栅源电压，称为夹断电压。通常 U_P 的值为 1～5V。

（2）开启电压 U_T　在增强型绝缘栅场效应晶体管中，当 U_{DS} 为某一固定数值时，使沟道可以将漏源极连通起来的最小 U_{GS} 即为开启电压。

（3）饱和漏电流 I_{DSS}　在耗尽型场效应晶体管中，当栅源间电压 $U_{GS}=0$，漏源电压 U_{DS} 足够大时，漏极电流的饱和值称为饱和漏电流。

（4）直流输入电阻 R_{GS}　在场效应晶体管输入端即栅源之间所加电压 U_{GS} 与栅极电流之比，称为直流输入电阻 R_{GS}。它的阻值可达 $10^3 M\Omega$，高输入阻抗是它的一大特点。

（5）漏源击穿电压 $U_{(BR)DSS}$　在场效应晶体管中，当栅源电压 U_{GS}

一定时，在增加漏源电压的过程中，使漏电流 I_D 开始急剧增加时的漏源电压，称为漏源击穿电压 $U_{(BR)DSS}$。

（6）栅源击穿电压 $U_{(BR)DSS}$ 在结型场效应晶体管中，反向饱和电流急剧增加时的栅源电压（将反向偏置电压加到栅极和源极之间时），称为栅源击穿电压 $U_{(BR)DSS}$。

（7）跨导 g_m 在漏源电压 U_{DS} 一定时，漏电流 I_D 的微小变化量 ΔI_D 与引起这一变化量的栅源电压的微小变化量 ΔU_{GS} 之比，称为跨导 g_m。它用于表示栅源电压对漏极电流的控制能力。

（8）漏源动态内阻 r_{DS} 当 U_{GS} 一定时，U_{DS} 的微小变化量 ΔU_{DS} 与相应的 I_D 的变化量 ΔI_D 之比，称为漏源动态内阻 r_{DS}。

（9）极间电容 场效应晶体管的 3 个电极间都存在着极间电容，即栅源电容 C_{GS}、栅漏电容 C_{GD} 和漏源电容 C_{DS}，在超高频电路中要考虑极间电容的影响。通常 C_{GS}、C_{GD} 的电容值为 $1 \sim 3pF$，C_{DS} 电容值为 $0.1 \sim 1pF$。

3　国产场效应晶体管的命名与参数标识

国产场效应晶体管的型号命名方式主要有两种，每种命名方式包含信息不同。图 12-4 所示为国产场效应晶体管型号命名与参数标识。

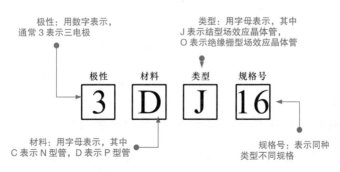

（a）数字+字母+数字的命名方式

图 12-4　国产场效应晶体管型号命名与参数标识

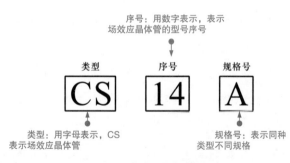

序号：用数字表示，表示
场效应晶体管的型号序号

类型　　　　　序号　　　　规格号

类型：用字母表示，CS
表示场效应晶体管

规格号：表示同种
类型不同规格

（b）CS+数字+字母的命名方式

图 12-4　国产场效应晶体管型号命名与参数标识（续）

4　日产场效应晶体管的命名与参数标识

　　日产场效应晶体管型号的命名方式与国产场效应晶体管有所不同。日产场效应晶体管型号一般由 5 部分构成，包括名称、类型、顺序号等，图 12-5 所示为日产场效应晶体管型号命名与参数标识。

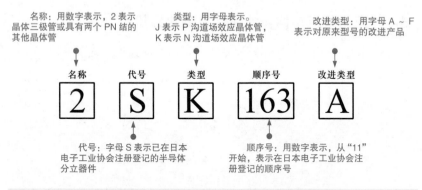

名称：用数字表示，2 表示
晶体三极管或具有两个 PN 结的
其他晶体管

类型：用字母表示。
J 表示 P 沟道场效应晶体管，
K 表示 N 沟道场效应晶体管

改进类型：用字母 A ~ F
表示对原来型号的改进产品

名称　　代号　　类型　　顺序号　　改进类型

代号：字母 S 表示已在日本
电子工业协会注册登记的半导体
分立器件

顺序号：用数字表示，从"11"
开始，表示在日本电子工业协会注
册登记的顺序号

图 12-5　日产场效应晶体管型号命名与参数标识

5　其他厂商场效应晶体管的命名与参数标识

　　在实际应用中，有一些其他厂家生产的场效应晶体管也有其自身的命名方法，如图 12-6 所示。

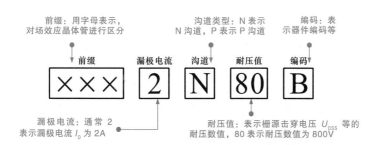

前缀：用字母表示，
对场效应晶体管进行区分

沟道类型：N 表示
N 沟道，P 表示 P 沟道

编码：表
示器件编码等

前缀　漏极电流　沟道　耐压值　编码

×××　2　N　80　B

漏极电流：通常 2
表示漏极电流 I_D 为 2A

耐压值：表示栅源击穿电压 U_{DSS} 等的
耐压数值，80 表示耐压数值为 800V

图 12-6　其他厂商场效应晶体管的命名与参数标识

12.2 认识常用的场效应晶体管

12.2.1 结型场效应晶体管

结型场效应晶体管（JFET）是在一块 N 型（或 P 型）半导体材料两边制作 P 型（或 N 型）区，从而形成 PN 结所构成的。结型场效应晶体管是利用沟道两边的耗尽层宽窄，来改变沟道的导电特性，从而控制漏极电流的。因此，结型场效应晶体管按导电沟道可分为 N 沟道和 P 沟道两种。图 12-7 所示为结型场效应晶体管的实物外形及内部结构。

结型场效应晶体管一般应用于音频放大器的差分输入电路，以及各种调制、放大、阻抗变换、稳流、限流、自动保护等电路中。

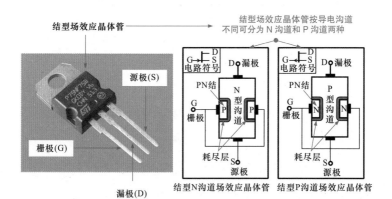

图 12-7　结型场效应晶体管的实物外形及内部结构

提示

图 12-8 所示为结型场效应晶体管实现放大功能的基本工作原理。当 G、S 间不加反向电压时（$U_{GS} = 0$），PN 结（图中阴影部分）的宽度窄，导电沟道宽，沟道电阻小，I_D 电流大；当 G、S 间加负电压时，PN 结的宽度增加，导电沟道宽度减小，沟道电阻增大，I_D 电流变小；当 G、S 间负向电压进一步增加时，PN 结宽度进一步加宽，两边 PN 结合拢（称夹断），没有导电沟道，即沟道电阻很大，电流 I_D 为 0。

导电沟道刚被夹断的 U_{GS} 值称为夹断电压，用 U_P 表示。可见结型场效应晶体管在某种意义上是一个用电压控制的可变电阻。

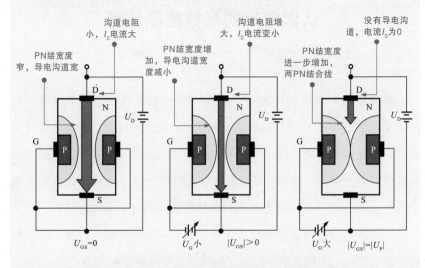

图 12-8 结型场效应晶体管实现放大功能的基本工作原理

12.2.2 绝缘栅型场效应晶体管

绝缘栅型场效应晶体管（MOSFET）由金属、氧化物、半导体材料制成，通常简称为"MOS 场效应晶体管"。绝缘栅型场效应晶体管是利用感应电荷的多少，改变沟道导电特性来控制漏极电流的。图 12-9 所示为绝缘栅型场效应晶体管的实物外形及内部结构。绝缘栅型场效应晶体管按其工作方式的不同可分为耗尽型和增强型，同时又都有 N 沟道及 P

沟道两种。

　　绝缘栅型场效应晶体管一般应用于音频功率放大、开关电源、逆变器、电源转换器、镇流器、充电器、电动机驱动、继电器驱动等电路中。

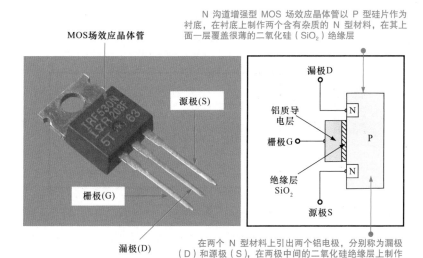

MOS场效应晶体管

源极(S)

栅极(G)

漏极(D)

N 沟道增强型 MOS 场效应晶体管以 P 型硅片作为衬底，在衬底上制作两个含有杂质的 N 型材料，在其上面一层覆盖很薄的二氧化硅（SiO₂）绝缘层

漏极D

铝质导电层

栅极G

绝缘层SiO₂

源极S

P

N

N

在两个 N 型材料上引出两个铝电极，分别称为漏极（D）和源极（S），在两极中间的二氧化硅绝缘层上制作一层铝质导电层，该导电层为栅极（G）

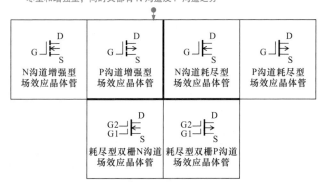

MOS 场效应晶体管按其工作方式的不同分为耗尽型和增强型，同时又都有 N 沟道及 P 沟道之分

N沟道增强型 场效应晶体管	P沟道增强型 场效应晶体管	N沟道耗尽型 场效应晶体管	P沟道耗尽型 场效应晶体管
耗尽型双栅N沟道 场效应晶体管	耗尽型双栅P沟道 场效应晶体管		

图 12-9　绝缘栅型场效应晶体管的实物外形及内部结构

提示

　　电磁炉中绝缘栅双极晶体管（Insulated Gate Bipolar Transistor，IGBT），是一种高压、高速的大功率半导体器件。从图 12-10 中可了解到 IGBT 的外形、电路符号及等效电路。

　　IGBT 并不是场效应晶体管，实际上它是由三极管和场效应晶体管复合构成的。

外形与场效
应晶体管很相似

IGBT 是由场效应晶
体管和三极管复合而成的

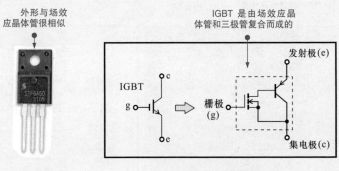

(a) 实物外形　　　　　　　　(b) 电路符号及等效内部结构

图 12-10　IGBT 的外形、电路符号及等效电路

第 13 章

练习场效应晶体管的检测

13.1 场效应晶体管的开路检测

13.1.1 阻值法检测场效应晶体管

图 13-1 所示为待测的场效应晶体管。在检测之前，首先要区分场效应晶体管的引脚极性。

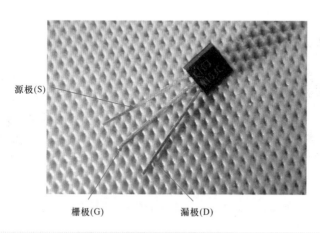

源极(S)

栅极(G)　　　　　漏极(D)

图 13-1　待测的场效应晶体管

如图 13-2 所示，在一般情况下，将场效应晶体管印有参数标识的一面朝上放置，引脚极性从左到右依次为 G、D、S（散热片接 D 极）；对于采用贴片封装的场效应晶体管，将印有参数标识的一面朝上放置，散热片（上面的宽引脚）为 D 极，下面的三个引脚从左到右依次为 G、D、S。

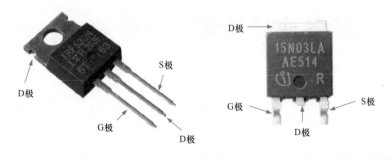

图 13-2　一般情况下场效应晶体管的引脚判别

另外，在电路板上场效应晶体管的旁边会有明确的参数标识信息或其图形符号。图 13-3 所示为电路板的场效应晶体管引脚极性标注信息。

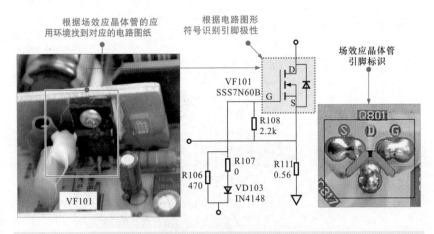

图 13-3　电路板的场效应晶体管引脚极性标注信息

如果在电路中无法找到场效应晶体管极性的标识信息，还可根据场效应晶体管的型号查找其相关的技术手册，这也是最稳妥的方法。如图 13-4 所示，在技术手册中明确标注了该场效应晶体管的引脚极性。

根据外壳上的参数标识信息了解该场效
应晶体管的型号为 2SK163（2S 省略）

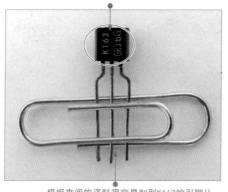

根据查阅的资料很容易判别K163的引脚从
左到右依次为S、G、D

在互联网上搜索
2SK163 的相关信息

在多数情况下，场效应晶体管的生产厂家会将场
效应晶体管的相关参数、引脚排列等相关资料（多为
PDF文件格式）上传到互联网中，可直接搜索并下载

从互联网上下载
的2SK163相关资料

图 13-4　通过技术手册判别场效应晶体管的引脚极性

　　如图 13-5 所示，确定待测场效应晶体管的引脚极性后，将指针式万用表的量程旋钮调至 ×1k 欧姆挡，进行欧姆调零；将黑表笔搭在场效应晶体管的漏极（D）引脚上，红表笔搭在源极（S）引脚上，实测阻值为 5kΩ。

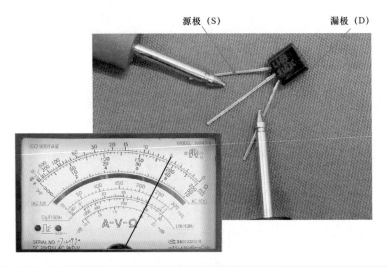

图 13-5　检测场效应晶体管漏极和源极之间的阻值

如图 13-6 所示，用螺丝刀接触结型场效应晶体管的栅极（G）。将感应电压加到场效应晶体管的栅极上，通过指针式万用表指针的摆动可以检测待测场效应晶体管的触发能力。

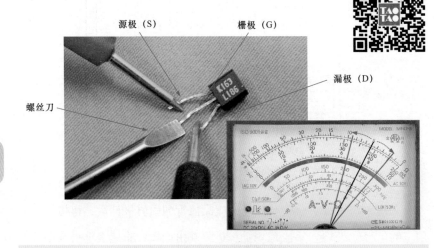

图 13-6　检测场效应晶体管的触发能力

提示

　　在正常情况下，万用表指针摆动的幅度越大，表明结型场效应晶体管的放大能力越好；反之，表明放大能力越差。若用螺丝刀接触栅极（G）时指针不摆动，则表明结型场效应晶体管已失去放大能力。

13.1.2　二极管检测法检测场效应晶体管

　　如图 13-7 所示，识读待测场效应晶体管，分清待测场效应晶体管各引脚极性。

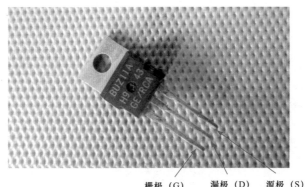

栅极（G）　　漏极（D）　　源极（S）

图 13-7　待测的场效应晶体管

　　如图 13-8 所示，将数字式万用表的量程旋钮调至二极管测量挡，红表笔接待测场效应晶体管的源极 S，黑表笔接待测场效应晶体管的漏极 D。正常情况下，应该能够检测到一定压降（当前数字式万用表实测值为 546）。

　　如图 13-9 所示，将红黑表笔对调，红表笔接漏极 D，黑表笔接源极 S，正常情况下，场效应晶体管 D、S 反向连接时应不导通。

177

漏极（D）　　　　源极（S）

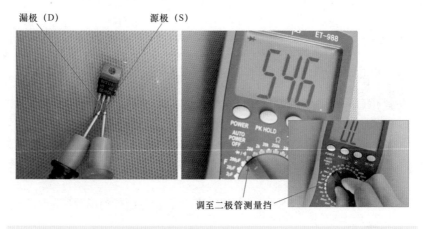

调至二极管测量挡

图 13-8　使用二极管测量挡检测场效应晶体管源极和漏极间的压降

反向连接时，D、S不导通

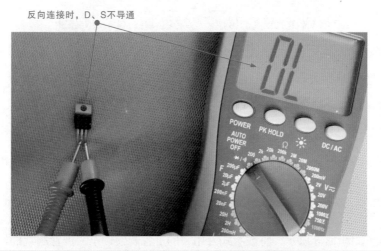

图 13-9　场效应晶体管源极和漏极反向连接时的检测

提示

　　如图 13-10 所示，若反向连接检测时，场效应晶体管源极 S 和漏极 D 之间为导通状态，则说明待测场效应晶体管击穿损坏。

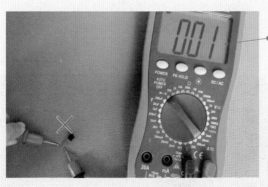

反向连接时，D、S
导通表明损坏

图 13-10　场效应晶体管击穿的检测结果

在正常情况下，除 D、S 之间有一定的压降外，其余各引脚间都是不导通的。如果检测栅极 G 与源极 S 之间也导通，则表明待测场效应晶体管已击穿损坏。

为了进一步检测场效应晶体管的触发能力，可以借助指针式万用表为待测场效应晶体管提供触发电压，进一步和数字式万用表一起完成测量。

如图 13-11 所示，将指针式万用表量程调至 ×10k 欧姆挡。

调至 ×10k欧姆挡

图 13-11　调整指针式万用表量程至 ×10k 欧姆挡

如图 13-12 所示，将数字式万用表的两表笔分别连接待测场效应晶体

管的漏极 D 和源极 S 后，用指针式万用表的黑表笔接待测场效应晶体管的
栅极 G，红表笔接源极 S（相当于在栅极 G 和源极 S 之间加一个正向电压）。

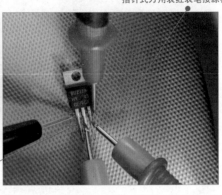
指针式万用表红表笔接源极 S

指针式万用表黑表笔接栅极 G

图 13-12 场效应晶体管触发能力的测试

　　在正常情况下，当在 G、S 之间加入正向电压后，会触发场效应晶
体管 D、S 内部二极管导通。

提示

　　由于 G、S 之间有一个结电容，因此当加电后，电容充满电荷，使 D、
S 一直导通。此时，使用镊子短接 G、S，使其内部电容放电，场效应晶体
管便会截止。其操作如图 13-13 所示。

镊子短接 G、S 极放电

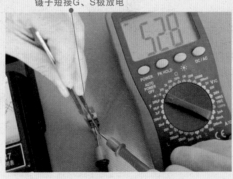

图 13-13 镊子短接场效应晶体管的栅极 G 和源极 S

13.2 场效应晶体管的在路检测

13.2.1 场效应晶体管驱动放大特性的测试电路 ----

图 13-14 所示为场效应晶体管驱动放大特性的测试电路。

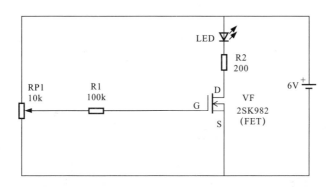

图 13-14　场效应晶体管驱动放大特性的测试电路

提示

发光二极管是被驱动器件，场效应晶体管 VF 为控制器件，场效应晶体管 D、S 之间的电流受栅极 G 电压的控制。

图 13-15 所示为场效应晶体管的工作特性曲线。当场效应晶体管的栅极电压低于 3V 时，场效应晶体管处于截止状态，发光二极管无电流，不亮；当场效应晶体管的栅极电压超过 3V、小于 3.5V 时，漏极电流开始线性增加，处于放大状态；当场效应晶体管的栅极电压大于 3.5V 时，场效应晶体管进入饱和导通状态。

如图 13-16 所示，可通过测试电路，使用指针式万用表对场效应晶体管的驱动放大特性进行检测。

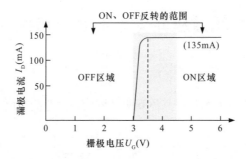

图 13-15 场效应晶体管的工作特性曲线

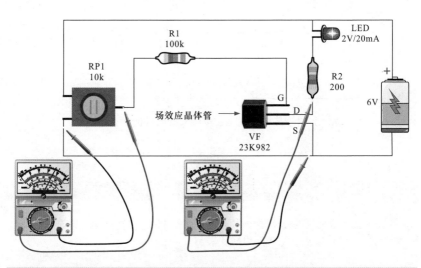

图 13-16 通过测试电路检测场效应晶体管的驱动放大特性

提示

　　RP1 的动片经 R1 为场效应晶体管栅极提供电压，微调 RP1 的阻值，场效应晶体管的漏极输出 0.2 ~ 6V 的电压。用指针式万用表检测场效应晶体管漏极（D）的对地电压，即可了解导通情况，同时观察 LED 的发光状态。当场效应晶体管截止时，LED 不亮；当场效应晶体管处于放大状态时，LED 微亮；当场效应晶体管饱和导通时，LED 全亮。LED 的压降为 2V，R2 的压降为 4V，电流为 20mA。

13.2.2　小功率 MOS 场效应晶体管检测电路 --------

图 13-17 所示为采用小功率 MOS 场效应晶体管的直流电动机驱动电路。

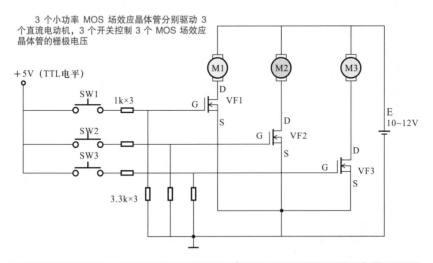

图 13-17　采用小功率 MOS 场效应晶体管的直流电动机驱动电路

提示

当某一开关接通时，+5V 电源电压经电阻分压电路为小功率 MOS 场效应晶体管的栅极提供驱动电压。当为 3.5V 时，小功率 MOS 场效应晶体管饱和导通，电动机得电旋转。若断开开关，当栅极电压下降为 0V 时，小功率 MOS 场效应晶体管截止，电动机断电停转。

小功率 MOS 场效应晶体管的检测电路如图 13-18 所示。为了方便检测，在电路中用负载电路取代直流电动机，使用指针式万用表分别检测小功率 MOS 场效应晶体管的栅极电压和漏极电压，即可判别小功率 MOS 场效应晶体管的工作状态是否正常。

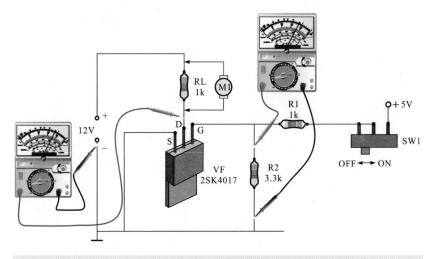

图 13-18　小功率 MOS 场效应晶体管的检测电路

提示

提示

　　当开关 SW1 置于 ON 位置时，小功率 MOS 场效应晶体管 VF 的栅极
（G）电压上升为 3.5V，VF 导通，漏极（S）电压降为 0V；当开关 SW1
置于 OFF 位置时，小功率 MOS 场效应晶体管 VF 的栅极（G）电压为 0V，
VF 截止，漏极电压升为 12V。

第 14 章

认识晶闸管

14.1 了解晶闸管的功能特点

14.1.1 了解晶闸管的功能

晶闸管是晶体闸流管的简称，它是一种可控整流器件，曾称为可控硅，用字母"VS"表示。晶闸管可通过很小的电流来控制"大闸门"，因此，常作为电动机驱动控制和调速控制、电流通断、调压、控温等的控制器件，广泛应用于电子电器产品、工业控制及自动化生产领域。

1 可控整流功能

图 14-1 所示为晶闸管构成的典型调速电路。晶闸管与触发电路构成调速电路，使供给电机的电流具有可调性。

2 可控电子开关功能

在很多电子或电器产品电路中，晶闸管在大多情况下起到可控电子开关的作用，即在电路中由其自身的导通和截止来控制电路接通、断开。

图 14-2 所示为晶闸管在洗衣机的排水系统中的典型应用。该电路中由晶闸管控制洗衣机排水电磁阀能否接通 220V 电源，进而控制排水状态。

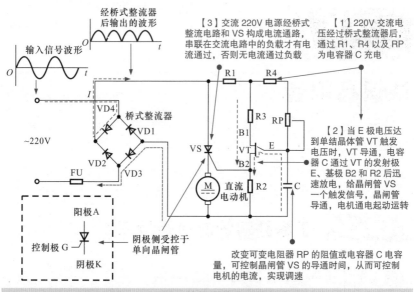

【3】交流 220V 电源经桥式整流电路和 VS 构成电流通路，串联在交流电路中的负载才有电流通过，否则无电流通过负载

【1】220V 交流电压经过桥式整流器后，通过 R1、R4 以及 RP 为电容器 C 充电

经桥式整流器后输出的波形

输入信号波形

桥式整流器

~220V

【2】当 E 极电压达到单结晶体管 VT 触发电压时，VT 导通，电容器 C 通过 VT 的发射极 E、基极 B2 和 R2 后迅速放电，给晶闸管 VS 一个触发信号，晶闸管导通，电机通电起动运转

直流电动机

阳极 A

控制极 G

阴极 K

阴极侧受控于单向晶闸管

改变可变电阻器 RP 的阻值或电容器 C 电容量，可控制晶闸管 VS 的导通时间，从而可控制电机的电流，实现调速

图 14-1 晶闸管构成的典型调压电路

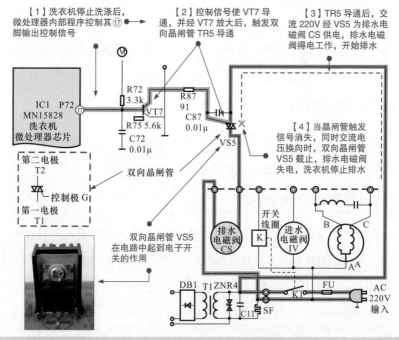

【1】洗衣机停止洗涤后，微处理器内部程序控制其 ⑰ 脚输出控制信号

【2】控制信号使 VT7 导通，并经 VT7 放大后，触发双向晶闸管 TR5 导通

【3】TR5 导通后，交流 220V 经 VS5 为排水电磁阀 CS 供电，排水电磁阀得电工作，开始排水

IC1 P72
MN15828
洗衣机微处理器芯片

【4】当晶闸管触发信号消失，同时交流电压换向时，双向晶闸管 VS5 截止，排水电磁阀失电，洗衣机停止排水

第二电极 T2

控制极 G

第一电极 T1

双向晶闸管

双向晶闸管 VS5 在电路中起到电子开关的作用

排水电磁阀 CS

开关线圈 K

进水电磁阀 IV

AC 220V 输入

图 14-2 晶闸管作为可控电子开关的典型应用

14.1.2 识读晶闸管的参数

1 晶闸管的主要参数

（1）额定正向平均电流（I_F） 它是指在规定的环境温度、标准散热环境和全导通的条件下，阴极和阳极间通过的工频（50Hz）正弦电流的平均值。$I_F = 0.637I$，式中 I 是该正弦电流的有效值。

（2）正向阻断峰值电压（U_{DRM}） 它是指在控制极开路、正向阻断条件下，可以重复加在晶闸管上的正向电压峰值。

（3）反向阻断峰值电压（U_{RRM}） 它是指当控制极开路，结温为额定值时允许重复加在晶闸管上的反向峰值电压，按规定为最高反向测试电压的80%。

（4）正向平均压降（U_F） 它是指在规定条件下，晶闸管通过额定正向平均电流时，在阳极与阴极之间电压降的平均值。

（5）维持电流（U_H） 维持电流是保持晶闸管处于导通状态时所需要的最小正向电流。控制极和阴极电阻越小，维持电流越大。

（6）控制极触发电压（U_G） 它是指在规定的环境温度和阳极、阴极间有一定的正向电压条件下，使晶闸管从截止状态转变为导通状态时，控制极上所加的最小直流电压。

（7）控制极触发电流（I_G） 当阳极与阴极之间加一定的直流电压时，使晶闸管完全导通所需要的最小控制极直流电流。

2 国产晶闸管的命名与参数标识

国产晶闸管的命名通常会将晶闸管的名称、类型、额定通态电流值以及重复峰值电压级数等参数信息标注在晶闸管的表面。根据相关规定，国产晶闸管的型号命名由 4 部分构成，如图 14-3 所示。

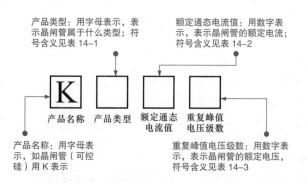

图 14-3　国产晶闸管的命名规格

3　日产晶闸管的命名与参数标识

日产晶闸管的型号命名由 3 个部分构成，如图 14-4 所示。注意：日本将晶闸管称为可控硅（SCR）。

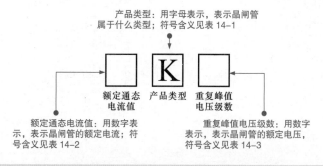

188

图 14-4　日产晶闸管的命名规格

晶闸管类型的表示符号对照见表 14-1。

表 14-1　晶闸管类型的表示符号对照表

符号	意义	符号	意义
P	普通反向阻断型	S	双向型
K	快速反向阻断型		

晶闸管额定通态电流的表示符号对照表见表 14-2。

表 14-2　额定通态电流的表示符号对照表

符号	意义	符号	意义
1	1A	50	50A
2	2A	100	100A
5	5A	200	200A
10	10A	300	300A
20	20A	400	400A
30	30A	500	500A

晶闸管重复峰值电压级数的表示符号对照表见表 14-3。

表 14-3　重复峰值电压级数的表示符号对照表

符号	意义	符号	意义
1	100V	7	700V
2	200V	8	800V
3	300V	9	900V
4	400V	10	1000V
5	500V	12	1200V
6	600V	14	1400V

14.2　认识常用的晶闸管

14.2.1　单向晶闸管

单向晶闸管（SCR）是 P-N-P-N 共 4 层 3 个 PN 结组成的，它被广泛应用于可控整流、交流调压、逆变器和开关电源电路中。单向晶闸管在阳极 A 与阴极 K 之间加有正向电压，同时控制极 G 与阴极间加上所需的正向触发电压时，方可被触发导通。图 14-5 所示为单向晶闸管的实物外形。

单向晶闸管导通的条件是：阳极 A 与阴极 K 之间加有正向电压，同时控制极 G 接收到正向触发信号。

单向晶闸管（SCR）是由 P–N–P–N 共 4 层 3 个 PN 结组成的

阳极 A

P
N
P
N

控制极 G

阴极 K

单向晶闸管（SCR）

阳极 A
控制极 G — VS
阴极 K
单向晶闸管
（阳极侧受控）

阳极 A
控制极 G — VS
阴极 K
单向晶闸管
（阴极侧受控）

电路符号

图 14-5　单向晶闸管的实物外形

提示

　　单向晶闸管导通后内阻很小，管压降很低，即使其控制极的触发信号消失，晶闸管仍维持导通状态；只有当触发信号消失，同时阳极 A 与阴极 K 之间的正向电压消失或反向时，晶闸管才会阻断截止。其工作原理如图 14-6 所示。

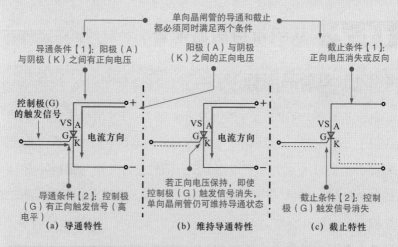

单向晶闸管的导通和截止都必须同时满足两个条件

导通条件【1】：阳极（A）与阴极（K）之间有正向电压

阳极（A）与阴极（K）之间的正向电压

截止条件【1】：正向电压消失或反向

控制极（G）的触发信号

VS A
G
K
电流方向

VS A
G
K
电流方向

VS A
G
K

导通条件【2】：控制极（G）有正向触发信号（高电平）

若正向电压保持，即使控制极（G）触发信号消失，单向晶闸管仍可维持导通状态

截止条件【2】：控制极（G）触发信号消失

（a）导通特性　　　（b）维持导通特性　　　（c）截止特性

图 14-6　单向晶闸管的导通与截止阻断原理

　　单向晶闸管能够维持导通的特征，要从它的内部结构说起。前面在介绍单向晶闸管概念时提到，单向晶闸管是由 P–N–P–N 共 4 层 3 个 PN 结组成的，结合前面所讲的三极管的内部结构，所以可以将单向晶闸管等效地看成一个 PNP 型三极管和一个 NPN 型三极管的交错结构，如图 14-7 所示。

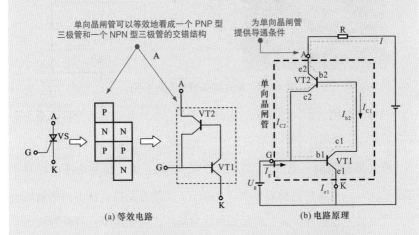

图 14-7　单向晶闸管（阴极侧受控）的等效结构及电路

　　当给单向晶闸管阳极（A）与阴极（K）之间加正向电压时，三极管 VT1 和 VT2 都承受正向电压，两晶体管都无基极电流而截止，则 A–K 间截止。如果这时在控制极（G）加上较小的正向控制电压 U_g（触发信号），则有控制电流 I_g 送入 VT1 的基极。经过放大，VT1 的集电极便有 $I_{C1}=\beta_1 I_g$ 的电流。此电流就是 VT2 的基极电流，经 VT2 放大，VT2 的集电极便有 $I_{C2}=\beta_1\beta_2 I_g$ 的电流流过。而该电流又送入 VT1 的基极，如此反复很快进入饱和，两个三极管很快便导通。晶闸管导通后，VT1 和 VT2 互相提供基极电流，该电流比触发电流大得多，因而即使触发信号消失，单向晶闸管仍能保持导通状态。

14.2.2　双向晶闸管

　　双向晶闸管又称双向可控硅，属于 N-P-N-P-N 共 5 层半导体器件，有第一电极（T1）、第二电极（T2）、控制极（G）3 个电极，在结构上相当于两个单向晶闸管反极性并联。双向晶闸管的实物外形如图 14-8 所示。

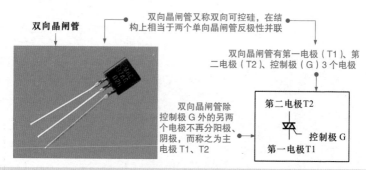

图 14-8 双向晶闸管的实物外形

与单向晶闸管不同的是，双向晶闸管可以双向导通，可允许两个方向有电流流过，常用在交流电路调节电压或电流，或用作交流无触点开关。

双向晶闸管第一电极 T1 与第二电极 T2 间，无论所加电压极性是正向还是反向，只要控制极 G 和第一电极 T1 间加有正负极性不同的触发电压，就可触发晶闸管导通，并且失去触发电压，也能继续保持导通状态。

当第一电极 T1、第二电极 T2 电流减小至小于维持电流或 T1 与 T2 间的电压极性改变且没有触发电压时，双向晶闸管才会截止，此时只有重新送入触发电压方可导通。

提示

双向晶闸管的导通及截止特性如图 14-9 所示。

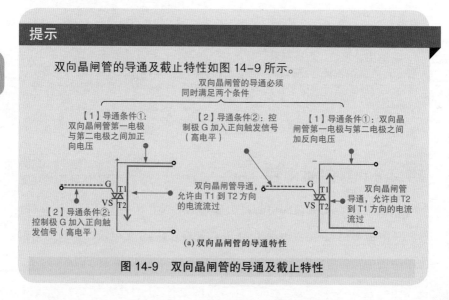

图 14-9 双向晶闸管的导通及截止特性

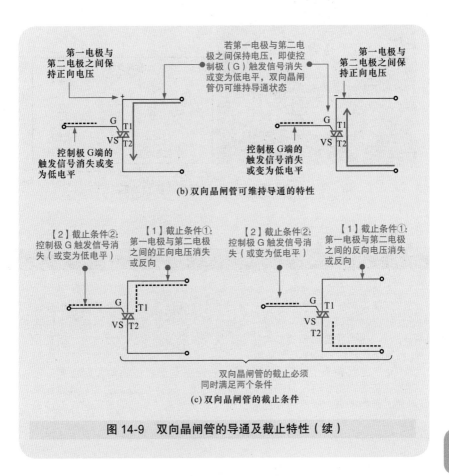

图 14-9　双向晶闸管的导通及截止特性（续）

193

14.2.3　可关断晶闸管

可关断晶闸管（Gate Turn-Off Thyristor，GTO）俗称门控晶闸管。这种晶闸管属于 P-N-P-N 四层三端器件，其结构和等效电路与普通晶闸管相同。图 14-10 所示为典型可关断晶闸管的实物外形，其主要特点是当门极加负向触发信号时晶闸管能自行关断。

可关断晶闸管(GTO)

可关断晶闸管也属于 P–N–P–N 四层三端器件，其结构及等效电路和普通晶闸管相同，不同的是该类晶闸管具有自关断能力，无须切断电路或外接换向电路使电压换向

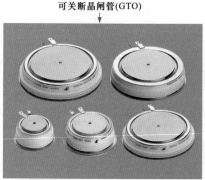

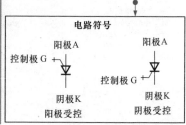

电路符号

阳极A

控制极 G

阴极K

阳极受控

阳极A

控制极 G

阴极K

阴极受控

图 14-10　典型可关断晶闸管的实物外形

提示

可关断晶闸管与普通晶闸管的区别：

普通晶闸管靠控制极正信号触发之后，撤掉信号亦能维持通态。欲使之关断，必须切断电源，或使正向电流低于维持电流，或施以反向电压强行关断。这就需要增加换向电路，不仅会使设备的体积重量增大，而且会降低效率，产生波形失真和噪声。

可关断晶闸管克服了上述缺陷，它既保留了普通晶闸管耐压高、电流大等优点，也具有自关断能力，使用方便，是理想的高压、大电流开关器件。大功率可关断晶闸管已广泛用于斩波调速、变频调速、逆变电源等领域。

194

14.2.4　快速晶闸管

快速晶闸管是可以在 400Hz 以上频率工作的晶闸管，其开通时间为 4 ~ 8μs，关断时间为 10 ~ 60μs。

快速晶闸管是一个 P-N-P-N 四层三端器件，其符号与普通晶闸管一样，它不仅要有良好的静态特性，更要有良好的动态特性，主要用于较高频率的整流、斩波、逆变和变频电路。图 14-11 所示为典型快速晶闸管的实物外形。

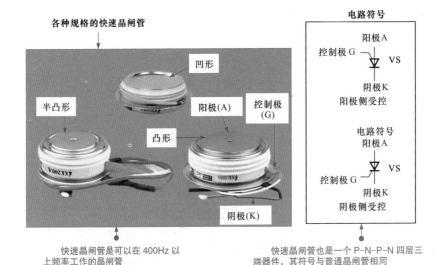

各种规格的快速晶闸管

电路符号

凹形

半凸形

阳极(A)　控制极(G)

凸形

阴极(K)

阳极A
控制极 G　　VS
阴极K
阳极侧受控

电路符号
阳极A
控制极 G　　VS
阴极K
阴极侧受控

快速晶闸管是可以在 400Hz 以
上频率工作的晶闸管

快速晶闸管也是一个 P–N–P–N 四层三
端器件,其符号与普通晶闸管相同

图 14-11　快速晶闸管

14.2.5　螺栓形晶闸管

　　螺栓型晶闸管与普通单向晶闸管相同,只是封装形式不同。这种结构只是便于安装在散热片上,工作电流较大的晶闸管多采用这种结构形式。图 14-12 所示为典型螺栓形晶闸管的实物外形。

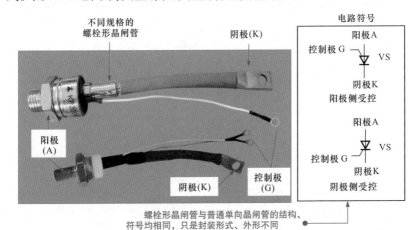

不同规格的
螺栓形晶闸管

阴极(K)

阳极
(A)

阴极(K)　控制极
(G)

电路符号

阳极A
控制极 G　　VS
阴极K
阳极侧受控

阳极A
控制极 G　　VS
阴极K
阴极侧受控

螺栓形晶闸管与普通单向晶闸管的结构、
符号均相同,只是封装形式、外形不同

图 14-12　螺栓形晶闸管

14.2.6 单结晶体管

单结晶体管（UJT）也称双基极二极管，图 14-13 所示为其实物外形。它是由一个 PN 结和两个内电阻构成的三端半导体器件，有一个 PN 结和两个基极，从结构功能上类似晶闸管。

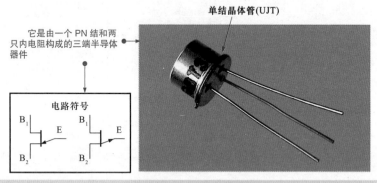

它是由一个 PN 结和两只内电阻构成的三端半导体器件

单结晶体管(UJT)

电路符号

图 14-13 单结晶体管

单结晶体管具有电路简单、热稳定性好等优点，广泛用于振荡、定时、双稳电路及晶闸管触发等电路。

提示

单结晶体管可以分为 N 型单结晶体管和 P 型单结晶体管。在工作时，当发射极电压 U_E 大于峰点电压 U_P 时，单结晶体管即可导通，电流流向为箭头所指方向，如图 14-14 所示。

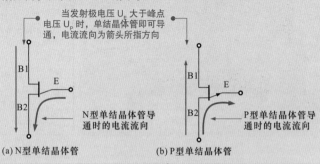

当发射极电压 U_E 大于峰点电压 U_P 时，单结晶体管即可导通，电流流向为箭头所指方向

N 型单结晶体管导通时的电流流向

P 型单结晶体管导通时的电流流向

(a) N 型单结晶体管　　　　(b) P 型单结晶体管

图 14-14　N 型单结晶体管和 P 型单结晶体管的特性

第 15 章

练习晶闸管的检测

15.1 单向晶闸管的检测

15.1.1 单向晶闸管引脚极性的检测 ------------------------

使用万用表检测单向晶闸管的性能时，需要先判断引脚极性，这是检测单向晶闸管的关键环节。

识别单向晶闸管引脚极性时，除了参照标识信息和数据资料外，对于一些未知引脚的晶闸管，可以使用万用表的欧姆挡（电阻挡）进行简单判别，如图 15-1 所示。

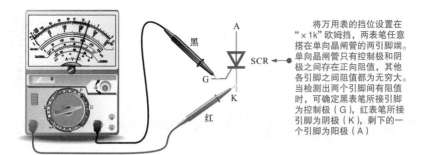

黑

A

SCR ◄

G

K

红

将万用表的挡位设置在"×1k"欧姆挡，两表笔任意搭在单向晶闸管的两引脚端。单向晶闸管只有控制极和阴极之间存在正向阻值，其他各引脚之间阻值都为无穷大。当检测出两个引脚间有阻值时，可确定黑表笔所接引脚为控制极（G），红表笔所接引脚为阴极（K），剩下的一个引脚为阳极（A）

图 15-1 单向晶闸管引脚极性的判别方法

图 15-2 所示为单向晶闸管引脚极性的检测训练。

引脚未知的
单向晶闸管

将万用表的黑表笔搭在单向晶闸管的中间
引脚上，红表笔搭在单向晶闸管的左侧引脚上

万用表实测阻值为无穷大

测得阻值为8kΩ

引脚未知的
单向晶闸管

将万用表的黑表笔搭在单向晶闸
管的右侧引脚上，红表笔不动

万用表实测阻值为 8kΩ，可确定黑表笔所
接引脚为控制极 (G)，红表笔所接引脚为阴极
(K)，剩下的一个引脚为阳极 (A)

图 15-2　单向晶闸管引脚极性的检测训练

198

15.1.2　单向晶闸管触发能力的检测

　　单向晶闸管作为一种可控整流器件，一般不直接用
万用表检测好坏，但可借助万用表检测单向晶闸管的触
发能力，如图 15-3 所示。

提示

　　上述检测方法由指针式万用表内电池产生的电流维持单向晶闸管的导
通状态，但有些大电流单相晶闸管需要较大的电流才能维持导通状态，因
此黑表笔脱离控制极（G）后，单相晶闸管不能维持导通状态是正常的——
在这种情况下需要搭建电路进行检测。
　　图 15-4 所示为单向晶闸管的典型应用电路。

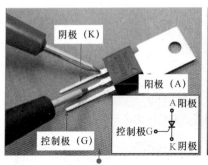

将万用表的黑表笔搭在单向晶闸管的阳极（A）上，红表笔搭在阴极（K）上

观察万用表的表盘指针摆动，测得阻值为无穷大

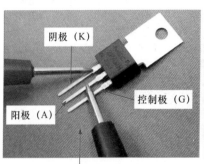

保持红表笔位置不变，将黑表笔同时搭在阳极（A）和控制极（G）上

万用表的指针向右侧大范围摆动，表明晶闸管已经导通

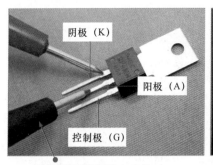

保持黑表笔接触阳极（A）的前提下，脱开控制极（G）

万用表的指针仍指示低阻值状态，说明晶闸管处于维持导通状态，触发能力正常

图 15-3　单向晶闸管触发能力的检测方法

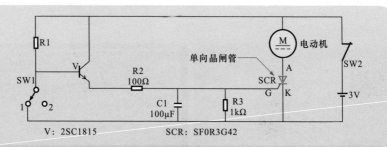

V: 2SC1815   SCR: SF0R3G42

图 15-4   单向晶闸管的典型应用电路

由图可知，在小型直流电动机 M 的供电电路中串接了一只单向晶闸管 SCR，单向晶闸管的触发极（G）有信号（电压）就会被触发而导通，电动机则会因有电流流过而旋转。触发信号消失后，单向晶闸管仍会继续保持导通状态。

单向晶闸管的触发电路是由三极管 V 和外围元器件构成的。当开关 SW1 置于 2 位置时，V 基极电压升高，R1 为 V 提供基极电流，V 导通，V 的发射极电压上升，接近电源电压 3V，该电压经 R2 给电容 C1 充电，使 C1 上的电压上升，该电压加到晶闸管 SCR 的触发极，晶闸管导通，电动机旋转。此时，若 SW1 回到 1 的位置，V 基极下降为 0V 而截止，触发信号消失，但 SCR 仍处于导通状态，直流电动机仍旋转。此时若断开 SW2，则直流电动机停转，SCR 截止，再接通 SW2，SCR 仍然处于截止状态，等待被触发。

使用指针式万用表检测单向晶闸管在所搭建电路中的触发能力时，为了观察和检测方便，可用接有限流电阻的发光二极管代替直流电动机，如图 15-5 所示。

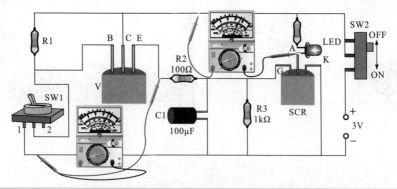

图 15-5   使用指针式万用表检测单向晶闸管在电路中的触发能力

15.2 双向晶闸管的检测

15.2.1 双向晶闸管触发能力的检测

检测双向晶闸管的触发能力与检测单向晶闸管触发能力的方法基本相同，只是所测晶闸管引脚极性不同。

检测双向晶闸管的触发能力时需要为其提供触发条件，一般可用万用表检测，既可作为检测仪表，又可利用其内电压为晶闸管提供触发条件，如图 15-6 所示。

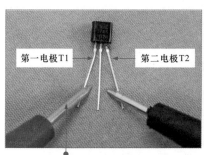

将万用表的黑表笔搭在双向晶闸管的第二电极（T2）上，红表笔搭在第一电极（T1）上

万用表的表盘指针位置，实测得的阻值为无穷大

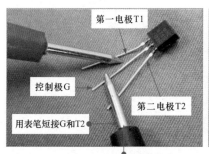

保持红表笔位置不动，将黑表笔同时搭在第二电极（T2）和控制极（G）上

万用表的指针向右侧大范围摆动（若将表笔对换后，则万用表指针也向右侧大范围摆动），表明双向晶闸管已经导通

图 15-6 双向晶闸管触发能力的检测方法

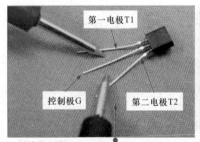

第一电极T1

控制极G

第二电极T2

保持黑表笔接触第二电极（T2）的前
提下脱开控制极（G）

MODEL MF47-B

万用表的指针仍指示低阻值状态，说明双向
晶闸管处于维持导通状态，触发能力正常

图 15-6 双向晶闸管触发能力的检测方法（续）

　　上述检测方法由万用表内电池产生的电流维持双向晶闸管的导通状态，有些大电流双向晶闸管需要较大的电流才能维持导通状态，所以黑表笔脱离控制极（G）后，双向晶闸管不能维持导通状态是正常的。在这种情况下，需要借助如图 15-7 所示的电路进行检测。

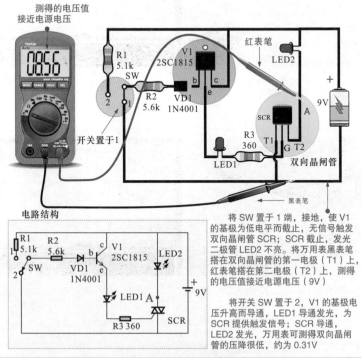

测得的电压值
接近电源电压

R1 5.1k

SW

R2 5.6k

开关置于1

VD1 1N4001

V1 2SC1815

SCR A

R3 360

T1 G T2

LED1

双向晶闸管

红表笔

LED2

9V

黑表笔

电路结构

R1 5.1k R2 5.6k VD1 1N4001 V1 2SC1815 LED2

SW LED1 A 9V

R3 360 SCR

将 SW 置于 1 端，接地，使 V1
的基极为低电平而截止，无信号触发
双向晶闸管 SCR；SCR 截止，发光
二极管 LED2 不亮。将万用表黑表笔
搭在双向晶闸管的第一电极（T1）上，
红表笔搭在第二电极（T2）上，测得
的电压值接近电源电压（9V）

将开关 SW 置于 2，V1 的基极电
压升高而导通，LED1 导通发光，为
SCR 提供触发信号；SCR 导通，
LED2 发光，万用表可测得双向晶闸
管的压降很低，约为 0.31V

图 15-7 在路检测双向晶闸管的触发能力

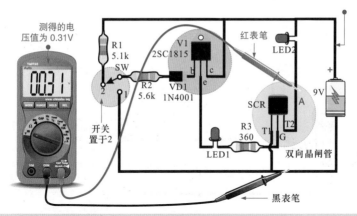

图 15-7 在路检测双向晶闸管的触发能力（续）

15.2.2 双向晶闸管导通特性的检测

除了使用指针式万用表对双向晶闸管的触发能力进行检测外，还可以使用安装有附加测试器的数字式万用表对双向晶闸管的正、反向导通特性进行检测。如图 15-8 所示，将双向晶闸管接到数字式万用表附加测试器的三极管（NPN 管）检测接口上，只插接 E、C 插口，并在电路中串联限流电阻（330Ω）。

203

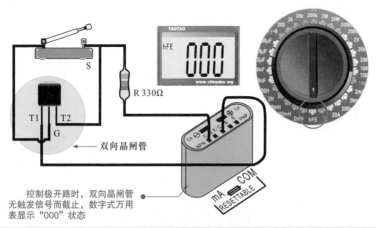

图 15-8 使用数字式万用表检测双向晶闸管的正反向特性

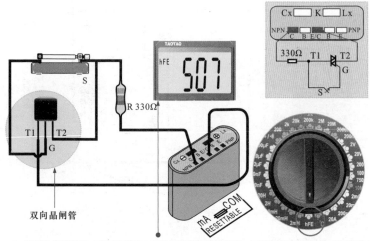

当开关 S 接通时，有触发信号，双向晶闸管被触发导通，万用表显示 "507"，说明双向晶闸管正向特性正常。若将双向晶闸管调换方向，即第一电极接 E 接口，第二电极接开关 S。未触发时，万用表显示 "000"，当开关 S 接通时，双向晶闸管被触发导通，万用表显示 "458"，说明反向特性正常

图 15-8　使用数字式万用表检测双向晶闸管的正反向特性（续）

第 16 章

认识集成电路

16.1.1 了解集成电路的功能

集成电路是利用半导体工艺将电阻器、电容器、晶体管及连线制作在很小的半导体材料或绝缘基板上，形成一个完整的电路，并封装在特制的外壳之中，具有体积小、重量轻、电路稳定、集成度高等特点，在电子产品中应用十分广泛。图 16-1 所示为集成电路结构示意图。

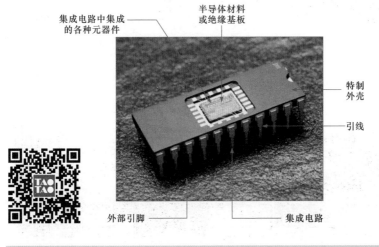

图 16-1　集成电路结构示意图

集成电路的功能多种多样，具体功能根据内部结构的不同而不同。在实际应用中，集成电路往往起着控制、放大、转换（D/A 转换、A/D 转换）、信号处理及振荡等作用。

常用的运算放大器和交流放大器是电子产品中应用较为广泛的一类集成电路。图 16-2 所示为具有放大功能的集成电路应用电路。

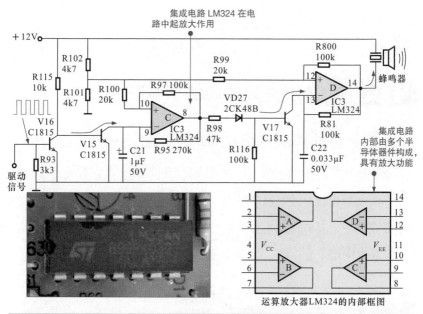

图 16-2　具有放大功能的集成电路应用电路

在实际应用中，集成电路多以功能命名，如常见的三端稳压器、运算放大器、音频功率放大器、视频解码器、微处理器等，如图 16-3 所示。

图 16-3　不同功能的集成电路

206

1　集成运算放大器的应用

　　集成运算放大器是常用的电路之一，它可以组成直流/交流信号放大器，也可以组成电压比较器、转换器、限幅器等电路。图 16-4 所示为影碟机中常用的 SF4558 运算放大器作为音频功率放大器的实例。激光头读取光盘信号经放大，解调和解码处理后会恢复出数字音频信号，数字音频信号再经 D/A 变换器变成音频信号，音频信号最后经 SF4558 放大后输出。

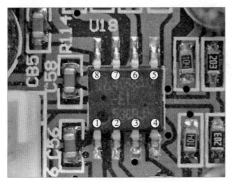

音频功率放大器SF4558

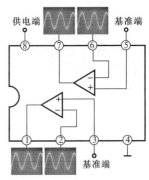

SF4558内部结构框图

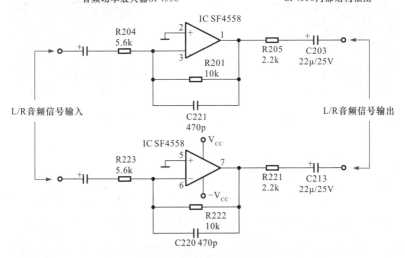

图 16-4　影碟机中常用的运算放大器 SF4558 作为音频功率放大器使用

2　功率放大器的应用

　　图 16-5 为彩色电视机中常用的具有放大功能的集成电路用作音频功率放大器，模拟音频信号经音频功率放大器放大后，驱动两个扬声器发声。

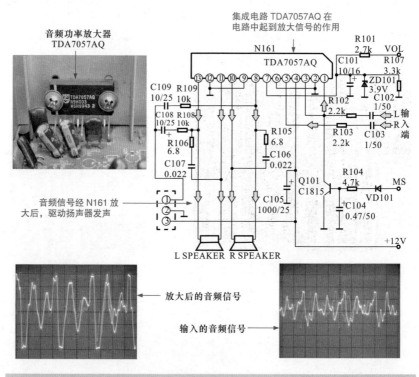

图 16-5　彩色电视机中常用的具有放大功能的集成电路用作音频功率放大器

3　集成转换器的应用

　　转换器用来将模拟和数字信号进行相互转换，通常把将模拟信号转换为数字信号的集成电路称为 A/D 转换器，把将数字信号转换为模拟信号的集成电路称为 D/A 转换器。这些电路根据应用环境不同，也都制成了各系列的集成电路。

208

　　图 16-6 所示为影碟机中的音频 D/A 转换器的应用。该 D/A 转换器可将输入的数字音频信号转换为模拟音频信号输出，再经音频功率放大器送往扬声器中发出声音。

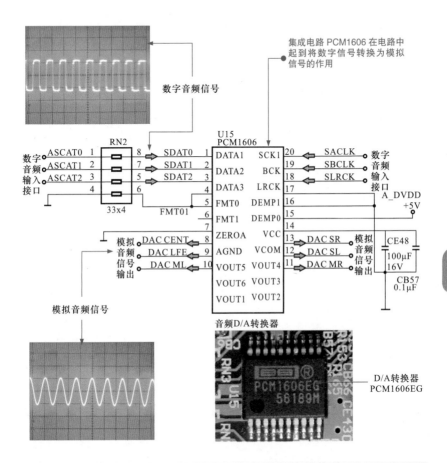

图 16-6　影碟机中音频 D/A 转换器的应用

209

　　除了上述功能外，集成电路也可作为控制器件（微处理器）应用于各种控制电路中，还可作为信号处理器应用于各种信号处理电路中，或作为开关振荡集成电路应用于开关电源电路中。

16.1.2 识读集成电路的参数

1 集成电路的主要参数

（1）静态工作电流　静态工作电流是指不给集成电路的输入引脚加上输入信号的情况下，电源引脚回路中的电流大小，相当于三极管的集电极静态工作电流。通常，集成电路的相关资料会给出典型值、最小值、最大值 3 项静态工作电流指标。

（2）增益　增益是指集成电路放大器的放大能力，通常在相关资料中，会标注出开环和闭环增益，也分典型值、最小值、最大值 3 项指标。

（3）最大输出功率　最大输出功率是指在信号失真度为一定值时，集成电路输出引脚所输出的电信号功率，该参数主要针对功率放大器集成电路。

（4）电源电压　电源电压是指可以加在集成电路电源引脚与接地端引脚之间电压的极限值，日常工作中不能超过此值。

（5）功耗　功耗是指集成电路所能承受的最大耗散功率，该参数主要针对功率放大器集成电路。

（6）工作环境温度　工作环境温度是指集成电路在工作时的最低和最高温度。

（7）贮存温度　贮存温度是指集成电路在保存时所要求的最低和最高温度。

2 国产集成电路的命名与参数标识

国产集成电路的命名通常会将集成电路的型号、温度、封装形式等参数信息标注在集成电路的表面。根据相关规定，国产集成电路的型号命名由 5 部分构成，如图 16-7 所示。

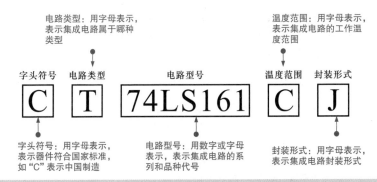

图 16-7 国产集成电路的命名与参数标识

国产集成电路标识中不同字母所表示的意义，见表 16-1。

211

表 16-1 国产集成电路的型号命名中各部分字母所表示的意义

第 1 部分		第 2 部分		第 3 部分	第 4 部分		第 5 部分	
字头符号		集成电路的类型		集成电路的型号	集成电路的工作温度范围		集成电路的封装形式	
符号	意义	符号	意义		符号	意义	符号	意义
C	中国制造	B	非线性电路	用数字或字母表示电路系列和代号	C	0～70℃	B	塑料扁平
		C	CMOS（场效应晶体管电压型集成电路）		E	−40～+85℃	D	陶瓷直插
		D	音响、电视		R	−55～+85℃	F	全密封扁平
		E	ECL（晶体管集成电路）				J	黑陶瓷直插
		F	放大器				K	金属菱形
		H	HTL（高压晶体管逻辑集成电路）					
		J	接口器件		M	−55～+125℃	T	金属圆形
		M	存储器					
		T	TTL（双极晶体管集成电路）					
		W	稳压器					
		U	微机					

3 日产集成电路的命名与参数标识

日产集成电路的命名及标注方法根据生产厂商的不同也有所不同。

（1）索尼公司（SONY）集成电路的命名与参数标识 索尼公司集成电路型号一般由4部分构成，包括产品分类、编号、特性等，如图16-8所示。

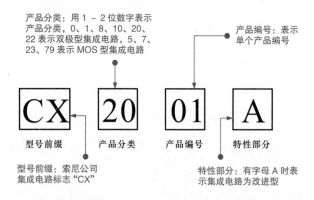

图 16-8　索尼集成电路的命名参数标识

（2）日立公司（HITACHI）集成电路的命名与参数标识 日立公司集成电路型号一般由5部分构成，包括产品使用范围、封装形式等，如图16-9所示。

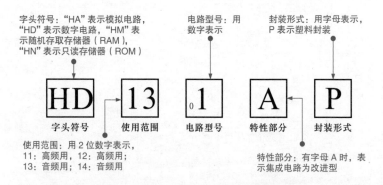

图 16-9　日立集成电路的命名与参数标识

（3）三洋公司（SANYO）集成电路的命名与参数标识　三洋公司集成电路型号一般由 2 部分构成，只包括字头符号和电路型号，如图 16-10 所示。

字头符号

电路型号

LA　7830　→ 电路型号：
用数字表示

字头符号："LA"表示单块双极线性，
"LB"表示双极数字，"LC"表示 CMOS，
"LE"表示 MNMOS，"LM"表示 PMOS，
NMOS "STK"表示厚膜

图 16-10　三洋集成电路的命名与参数标识

（4）东芝公司（TOSHIBA）集成电路的命名与参数标识　东芝公司集成电路型号一般由 3 部分构成，包括字头符号、封装形式等，如图 16-11 所示。

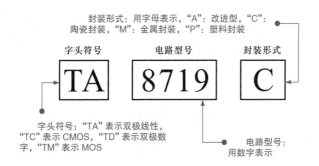

封装形式：用字母表示，"A"：改进型，"C"：
陶瓷封装，"M"：金属封装，"P"：塑料封装

字头符号　电路型号　封装形式

TA　8719　C

字头符号："TA"表示双极线性，
"TC"表示 CMOS，"TD"表示双极数
字，"TM"表示 MOS

电路型号：
用数字表示

图 16-11　东芝集成电路命名与参数标识

4　美产集成电路的命名及标注方法

美产集成电路的命名及标注方法根据生产厂商的不同也有所不同。

（1）太阳微系统公司（SUN）的命名与参数标识　太阳微系统公司集成电路型号一般由 5 部分构成，包括系列代号、版本代号、封装形式

等，如图 16-12 所示。

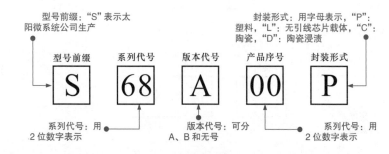

图 16-12　太阳微系统公司集成电路的命名与参数标识

（2）摩托罗拉公司（MOTOROLA）集成电路的命名与参数标识

美国摩托罗拉公司集成电路型号一般由 4 部分构成，包括系列代号、封装形式等，如图 16-13 所示。

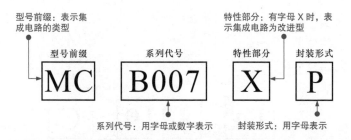

图 16-13　摩托罗拉公司集成电路的命名与参数标识

摩托罗拉公司集成电路标识中不同字母所表示的意义，见表 16-2 及表 16-3。

表 16-2　美国摩托罗拉公司集成电路型号前缀符号对照表

符号	意义	符号	意义
MC	密封类型器件	MCC	不密封类型
MCCF	线性芯片	MCM	存储器
MMS	存储器系列		

表 16-3　美国摩托罗拉公司集成电路封装形式符号对照表

符号	意义	符号	意义
L	陶瓷双列直插	G	金属壳
K	金属封装（TO-3 型）	F	扁平封装
P	塑料封装（P1 代表 8 脚双列直插，P2 代表 14 脚双列直插）		

16.2　认识常用的集成电路

16.2.1　金属壳封装集成电路

金属壳封装（CAN）集成电路，顾名思义就是将电路部分封装在金属壳中的方式，如图 16-14 所示。这种集成电路形状多为金属圆帽形，引脚较少，功能较为单一，安装及代换都十分方便。

金属壳封装
集成电路

金属壳多为圆帽形　　　　　　引脚少、功能单一

图 16-14　金属壳封装集成电路实物外形

提示

如图 16-15 所示，金属壳封装集成电路的圆形金属帽上通常会有一个突起来明确引脚①的位置；将集成电路引脚朝上，从突起端起，顺时针方向依次对应引脚②、③、④……。

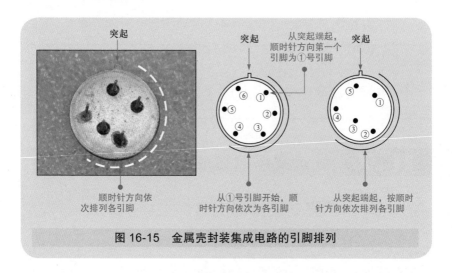

图 16-15　金属壳封装集成电路的引脚排列

16.2.2　单列直插式封装集成电路

单列直插式封装英文为 Single In-line Package，缩写为 SIP。该集成电路的引脚只有一列，并且引脚数较少（3～16 只），内部电路相对简单。这种集成电路造价较低，安装方便，小型的集成电路多采用这种封装形式。图 16-16 所示为单列直插式封装（SIP）集成电路实物外形。

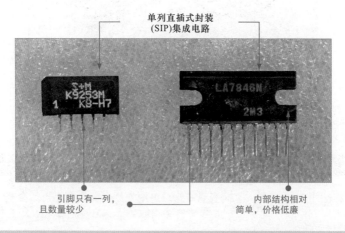

图 16-16　单列直插式封装（SIP）集成电路实物外形

提示

　　单列直插式集成电路的左侧有特殊的标志来明确引脚①的位置，如图 16-17 所示。标志有可能是一个小圆凹坑、一个小缺角、一个小色点、一个小圆点、一个小半圆缺等。有标志一端往往是起始引脚，可以顺着引脚排列的位置，依次对应引脚②、③、④……。

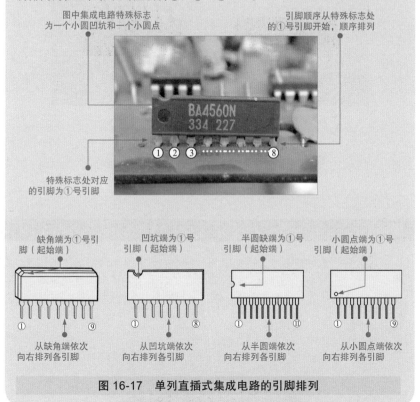

图中集成电路特殊标志为一个小圆凹坑和一个小圆点

引脚顺序从特殊标志处的①号引脚开始，顺序排列

特殊标志处对应的引脚为①号引脚

缺角端为①号引脚（起始端）

从缺角端依次向右排列各引脚

凹坑端为①号引脚（起始端）

从凹坑端依次向右排列各引脚

半圆缺端为①号引脚（起始端）

从半圆端依次向右排列各引脚

小圆点端为①号引脚（起始端）

从小圆点端依次向右排列各引脚

图 16-17　单列直插式集成电路的引脚排列

16.2.3　双列直插式封装集成电路

　　双列直插式封装英文为 Dual Tape Carrier Package，缩写为 DIP。该集成电路的引脚有两列，引脚数一般不超过 100 只，且多为长方形结构，电路结构较为复杂。大多数中小规模集成电路均采用这种封装形式，在家用电子产品中十分常见。图 16-18 所示为双列直插式封装（DIP）集

成电路实物外形。

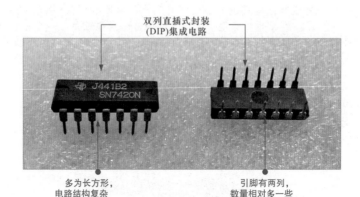

双列直插式封装
(DIP)集成电路

多为长方形，
电路结构复杂

引脚有两列，
数量相对多一些

图 16-18　双列直插式封装（DIP）集成电路

218

提示

　　双列直插式封装集成电路的左侧有特殊的标志来明确引脚①的位置，如图 16-19 所示。一般来讲，标志置于左侧，其下方的引脚就是引脚①，标记的上方往往是最后一个引脚。标记有可能是一个小圆凹坑、一个小色点、条状标记、一个小半圆缺等。引脚①往往是起始引脚，可以顺着引脚排列的位置，依次对应引脚②、③、④……。

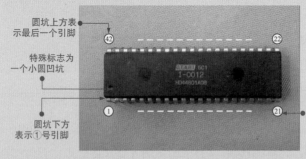

圆坑上方表
示最后一个引脚

特殊标志为
一个小圆凹坑

圆坑下方
表示①号引脚

引脚顺序从特
殊标记处的①号引
脚开始，逆时针方
向沿集成电路一圈，
各引脚顺序排列

图 16-19　双列直插式集成电路的引脚排列

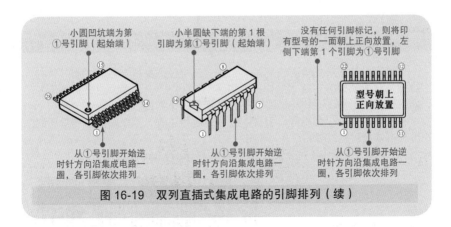

小圆凹坑端为第①号引脚（起始端）

小半圆缺下端的第 1 根引脚为第①号引脚（起始端）

没有任何引脚标记，则将印有型号的一面朝上正向放置，左侧下端第 1 个引脚为①号引脚

型号朝上正向放置

从①号引脚开始逆时针方向沿集成电路一圈，各引脚依次排列

从①号引脚开始逆时针方向沿集成电路一圈，各引脚依次排列

从①号引脚开始逆时针方向沿集成电路一圈，各引脚依次排列

图 16-19 双列直插式集成电路的引脚排列（续）

16.2.4 扁平封装集成电路

扁平封装常见的有 PFP（Plastic Flat Package）及 QFP（Quad Flat Package）。扁平封装型集成电路的引脚端子从封装外壳的侧面引出，呈 L 形，引脚数一般在 100 只以上。芯片引脚很细，引脚之间间隙很小，主要采用表面贴装工艺焊接在电路板上。一般大规模或超大型集成电路都采用这种封装形式。图 16-20 所示为扁平封装（PFP、QFP）集成电路实物外形。

这种集成电路在数码产品中十分常见，其功能强大，集成度高，体积较小，但检修和更换都较为困难（需使用专业工具）。

扁平封装（PFP、QFP）集成电路

该集成电路引脚数量多，且引脚间隙很小

需使用专业工具进行检修和更换

采用表面贴装工艺安装在电路板上

图 16-20 扁平封装（PFP、QFP）集成电路实物外形

219

提示

　　扁平封装型集成电路四周都有引脚，其中位于集成电路的左侧一角有特殊的标志来明确引脚①的位置，如图 16-21 所示。一般来讲，标志下方的引脚就是引脚①，标记的左侧往往是最后一个引脚。标记有可能是一个小圆凹坑、一个小色点等。引脚①往往是起始引脚，可以顺着引脚排列的位置，依次对应引脚②、③、④……。

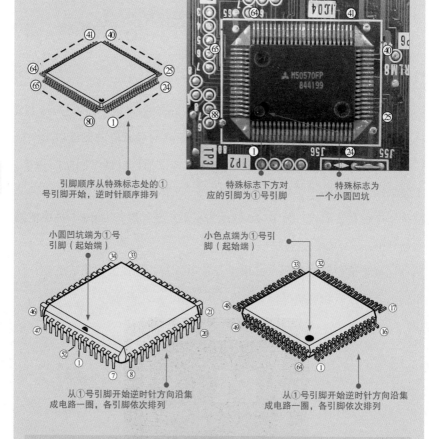

图 16-21　扁平封装集成电路的引脚排列

16.2.5 插针网格阵列封装集成电路

插针网格阵列封装英文为 Pin Grid Array，缩写为 PGA。该集成电路在芯片的内外有多个方阵形的插针，每个方阵形插针沿芯片的四周间隔一定距离排列。根据引脚数目的多少，可以围成 2 ~ 5 圈，如图 16-22 所示。这种集成电路多应用于高智能化的数字产品中，例如计算机的 CPU 多采用针脚插入型封装形式。

插针网格阵列封装(PGA)集成电路

该集成电路引脚数目较多，沿芯片四周间隔一定距离，以方阵形排列

引脚为插针状

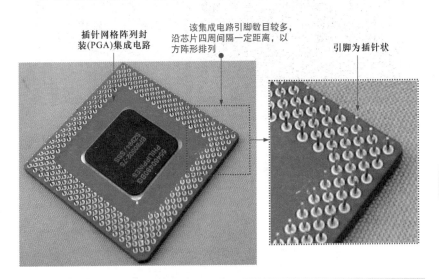

图 16-22 插针网格阵列封装（PGA）集成电路实物外形

16.2.6 球栅阵列封装集成电路

球栅阵列封装英文为 Ball Grid Array，缩写为 BGA。该集成电路的引脚为球形端子，而不是针脚，引脚数一般大于 208 针，采用表面贴装工艺焊接在电路板上。其广泛应用在小型数码产品之中，如新型手机的信号处理集成电路、主板上的南 / 北桥芯片、计算机 CPU 等。图 16-23 所示为球栅阵列封装（BGA）集成电路的实物外形。

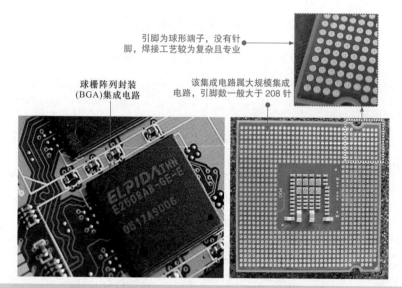

引脚为球形端子，没有针
脚，焊接工艺较为复杂且专业

球栅阵列封装
(BGA)集成电路

该集成电路属大规模集成
电路，引脚数一般大于 208 针

图 16-23 球栅阵列封装（BGA）集成电路实物外形

16.2.7 无引线塑料封装集成电路

无引线塑料封装英文为 Plastic Leaded Chip Carrier，缩写为 PLCC。无引线塑料封装是指在集成电路的 4 个侧面都设有电极焊盘而无引脚的表面贴装型封装，图 16-24 所示为无引线塑料封装（PLCC）集成电路实物外形。

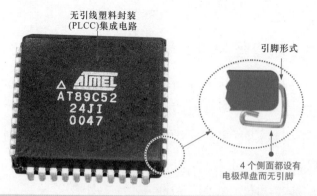

无引线塑料封装
(PLCC)集成电路

引脚形式

4 个侧面都设有
电极焊盘而无引脚

图 16-24 无引线塑料封装（PLCC）集成电路实物外形

16.2.8　芯片缩放式封装集成电路

芯片缩放式封装英文为 Chip Scale Package，缩写为 CSP。该集成电路是一种采用超小型表面贴装型封装形式的集成电路，它减小了芯片封装外形的尺寸，封装后的集成电路边长不大于内部芯片的 1.2 倍。其引脚都在封装体下面，有球形端子、焊凸点端子、焊盘端子、框架引线端子等多种形式。图 16-25 所示为芯片缩放式封装（CSP）集成电路实物外形。

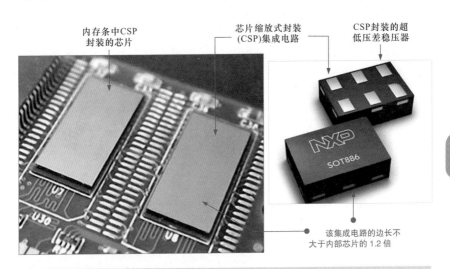

内存条中CSP封装的芯片

芯片缩放式封装（CSP）集成电路

CSP封装的超低压差稳压器

该集成电路的边长不大于内部芯片的 1.2 倍

图 16-25　芯片缩放式封装（CSP）集成电路实物外形

16.2.9　多芯片模块封装集成电路

多芯片模块封装英文为 Multi-chip Module，缩写为 MCM。该集成电路是将多个高集成度、高性能、高可靠性的芯片，在高密度多层互联基板上用表面贴装技术制成的电子模块系统。图 16-26 所示为多芯片模块封装（MCM）集成电路实物外形。

多芯片模块封装
(MCM)集成电路

集成电路中包
含多个集成芯片

图 16-26　多芯片模块封装（MCM）集成电路实物外形

　　多芯片模块封装集成电路价格昂贵，主要应用于航天和军事领域中。此外 MCM 封装技术也常与其他封装技术（如 DIP、QFP、BGA）相结合，制成一些低成本的集成电路，例如主板上的集成芯片。

第 17 章

练习集成电路的检测

17.1 集成电路的检测方法

17.1.1 集成电路的对地阻值检测方法 ----------------------

检测集成电路各引脚的对地阻值是集成电路最基本的检测方法。图 17-1 所示为待测的集成电路（开关振荡集成电路）。

图 17-1 待测的集成电路（开关振荡集成电路）

检测之前首先要根据待测集成电路的型号和标识，搞清待测集成电路的引脚排列顺序和各引脚的功能及对地标称阻值。

表 17-1 所示为待测集成电路（开关振荡集成电路 KA3842）的引脚功能。

表 17-1　待测集成电路（开关振荡集成电路 KA3842）的引脚功能

引脚序号	英文缩写	集成电路引脚功能	电阻参数 /kΩ		直流电压参数 /V
			红表笔接地	黑表笔接地	
①	ERROR OUT	误差信号输出	15	8.9	2.1
②	IN−	反相信号输入	10.5	8.4	2.5
③	NF	反馈信号输入	1.9	1.9	0.1
④	OSC	振荡信号	11.9	8.9	2.4
⑤	GND	接地	0	0	0
⑥	DRIVER OUT	激励信号输出	14.4	8.4	0.7
⑦	V_{cc}	电源 +14V	∞	5.4	14.5
⑧	VREF	基准电压	3.9	3.9	5

　　检测时，选择反应灵敏的指针式万用表。将万用表的量程调整至"×1k"挡，并进行零欧姆校正，如图 17-2 所示。

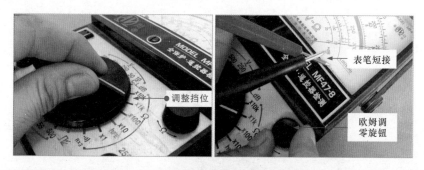

调整挡位

表笔短接

欧姆调零旋钮

图 17-2　万用表量程调整并进行零欧姆校正

　　这里以②脚为例，将万用表的黑表笔搭在⑤脚，红表笔搭在②脚，观测万用表显示读数，如图 17-3 所示。

　　经检测，该万用表显示的读数为 10.5kΩ，与标准值相同。用相同的方法对该集成电路的其他引脚进行检测，若发现某一引脚与标准值相差较大，说明该集成电路损坏；若都相同，说明该集成电路正常。

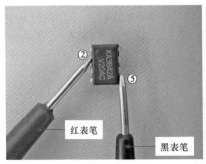

图 17-3　检测 KA3842A 的②脚正向阻值

17.1.2　集成电路的电压检测方法

对于集成电路的检测，除检测各引脚的对地阻值外，有时也可通过在路检测各引脚的电压来进行判断。图 17-4 所示为待测运算放大器（LM324）的实物外形。

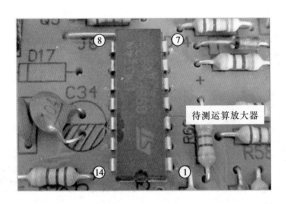

待测运算放大器

图 17-4　待测运算放大器（LM324）的实物外形

该集成电路的引脚功能见表 17-2。

据此可知该集成电路在工作时各个引脚的供电电压。这里以④脚为例检测其供电电压，如图 17-5 所示。

表 17-2　集成电路的引脚功能

引脚序号	英文缩写	集成电路引脚功能	电阻参数 /kΩ		直流电压参数 /V
			正表笔接地	负表笔接地	
①	AMP OUT1	放大信号（1）输出	0.38	0.38	1.8
②	IN1−	反相信号（1）输入	6.3	7.6	2.2
③	IN1+	同相信号（1）输入	4.4	4.5	2.1
④	VCC	电源 +5V	0.31	0.22	5
⑤	IN2+	同相信号（2）输入	4.7	4.7	2.1
⑥	IN2−	同相信号（2）输入	6.3	7.6	2.1
⑦	AMP OUT2	放大信号（2）输出	0.38	0.38	1.8
⑧	AMP OUT3	放大信号（3）输出	6.7	23	0
⑨	IN3−	反相信号（3）输入	7.6	∞	0.5
⑩	IN3+	同相信号（3）输入	7.6	∞	0.5
⑪	GND	接地	0	0	0
⑫	IN4+	同相信号（4）输入	7.2	17.4	4.6
⑬	IN4−	反相信号（4）输入	4.4	4.6	2.1
⑭	AMP OUT4	放大信号（4）输出	6.3	6.8	4.2

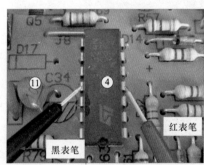

图 17-5　检测运算放大器的 +5 V 供电电压

经检测，该集成电路的④脚供电电压为 +5V，与标准值相同，说明该集成电路的供电正常。若检测其他引脚的电压与标准值电压相差较大，则说明该集成电路已损坏。

17.1.3　集成电路的信号检测方法

对于一些功能性集成电路，在实际检测时还可直接根据集成电路的功能特点检测集成电路的信号波形，以快速、准确地查找集成电路的故障。

图 17-6 所示为待测的音频放大器（TDA7057AQ），该音频功率放大器的引脚功能如表 17-3。

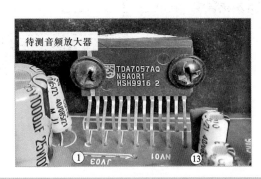

图 17-6　待测的音频放大器（TDA7057AQ）

表 17-3　音频放大器（TDA7057AQ）的引脚功能

引脚序号	英文缩写	集成电路引脚功能	电阻参数 /kΩ		直流电压参数 /V
			正表笔接地	负表笔接地	
①	L VOL CON	左声道音量控制信号	0.78	0.78	0.5
②	NC	空脚	∞	∞	0
③	LIN	左声道音频信号输入	27	12	2.4
④	V_{CC}	电源 +12V	40.2	5	12
⑤	RIN	右声道音频信号输入	150	11.4	2.5
⑥	GND	接地	0	0	0
⑦	R VOL CON	右声道音量控制信号	0.78	0.78	0.5
⑧	R OUT	右声道音频信号输入	30.1	8.4	5.6
⑨	GND	接地（功放电路）	0	0	0
⑩	R OUT	右声道音频信号输出	30.1	8.4	5.6
⑪	L OUT	左声道音频信号输出	30.2	8.4	5.7
⑫	GND	接地	0	0	0
⑬	L OUT	左声道音频信号输出	30.1	8.4	5.7

对集成电路的信号进行检测，首先要确保该集成电路的工作条件正常，即供电电压正常。图 17-7 所示为检测该集成电路④脚的供电电压。

红表笔　　　　黑表笔

万用表显示的读数为 12 V

图 17-7　检测集成电路④脚的供电电压

经检测，该集成电路的供电电压正常。继续对该集成电路输入的信号波形进行检测，这里以③脚为例，如图 17-8 所示。

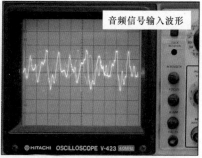

示波器探头

音频信号输入波形

③

图 17-8　检测集成电路输入的信号波形

对输入信号进行检测后，接着检测输出的音频信号，如图 17-9 所示。

提示

集成电路的供电电压正常，说明该集成电路能够正常工作；检测的输入信号正常，若输出信号也正常，说明该集成电路能够正常工作；若输出信号不正常，而供电电压和输入信号都正常，说明该集成电路本身损坏。

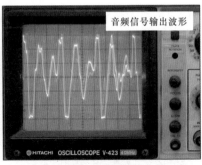

音频信号输出波形

示波器探头

图 17-9　检测集成电路输出的信号波形

17.2　集成电路检测应用实例

17.2.1　电动自行车控制器中的三端稳压器的检修

如图 17-10 所示，在电动自行车控制器中，三端稳压器是一种具有 3 只引脚的直流稳压集成电路。

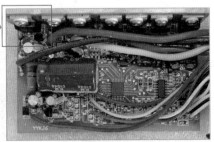

三端稳压器
LM317

电动自行车控制器电路

图 17-10　电动自行车控制器中的三端稳压器

检测三端稳压器可将其置于电路中，在工作状态下，用万用表检测三端稳压器输入端和输出端的电压值，并与标准值比对，即可判别三端稳压器的性能。

如图 17-11 所示，将万用表的量程调整至"直流 250V"电压挡，将万用表红黑两表笔分别搭接在三端稳压器输入引脚端和接地端。当前实测的输入电压为 50.4V，表示输入电压正常。

将万用表的黑表笔搭在接地端　　将万用表的红表笔搭在三端稳压器的电压输入端　　正常情况下，万用表测得三端稳压器的输入电压值为 50.4V 左右

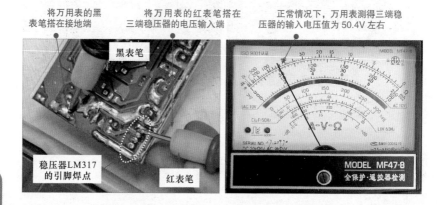

黑表笔

稳压器LM317的引脚焊点

红表笔

图 17-11　检测三端稳压器输入电压

接下来，按图 17-12 所示，将万用表红黑表笔分别搭接在三端稳压器输出引脚端和接地端，实测得稳压后的输出电压为 24.3V，表示稳压输出正常。

将万用表的黑表笔搭在接地端　　将万用表的红表笔搭在三端稳压器的电压输出端　　正常情况下，万用表测得三端稳压器的输出电压值为 24.3V 左右

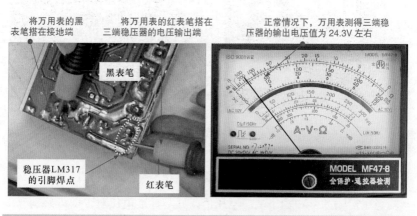

黑表笔

稳压器LM317的引脚焊点

红表笔

图 17-12　检测三端稳压器稳压输出电压

若输入电压正常而无输出电压，则表明该三端稳压器已损坏，应选用同型号三端稳压器进行更换。

提示

常用的三端稳压器主要有 7805（78L05）、7806、7812、7815 及 LM317 等，其功能是将输入端的直流电压稳定后输出某一个固定的直流电压，其电路关系如图 17-13 所示。

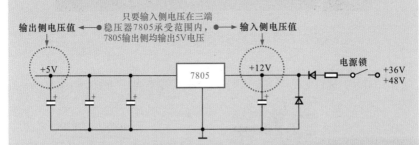

只要输入侧电压在三端稳压器7805承受范围内，7805输出侧输出5V电压

输出侧电压值 ←———— ————→ 输入侧电压值

图 17-13　78 系列三端稳压器构成的控制器稳压电路

三端稳压器输入端的电压可能会发生偏高或偏低变化，但都不影响输出侧电压值，只要输入侧电压在三端稳压器承受范围内（9~14V），其输出侧均为一个稳定电压。例如，三端稳压器 7805 只要其输入端电压在其承受范围，即 9~14V，其输出端总稳定输出 5V 直流电压。又如，三端稳压器 7806 输出端稳定输出 6V 直流电压、三端稳压器 7812 输出端稳定输出 12V 直流电压等。

检测不同的三端稳压器，可按照 LM317 的检测方法，对照相应三端稳压器的稳压值范围，进而判别三端稳压器的性能。

17.2.2　电磁炉中的微处理器的检修

如图 17-14 所示，微处理器（MCU）是整个电磁炉中的控制核心。

图 17-15 所示为电磁炉主控电路中的微处理器（HMS87C1202A）外形及引脚功能。

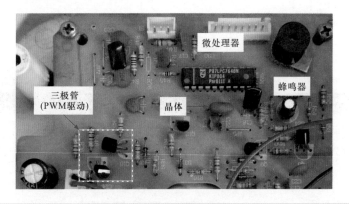

图 17-14　电磁炉中的微处理器（MCU）

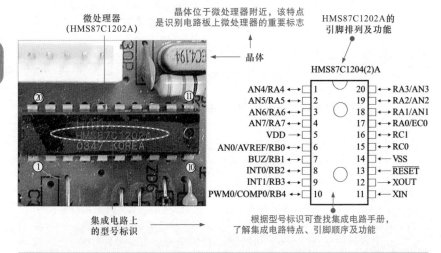

图 17-15　微处理器（HMS87C1202A）外形及引脚功能

提示

　　微处理器的表面通常会标注该集成电路的型号，根据该参数标识便可进一步查询到集成电路内部结构框图和引脚功能，知晓每个引脚的具体功能。这是弄清其与外围元器件或电路关系的必要条件，对搞清整个电路的信号流程也十分重要。

　　例如，当前电磁炉微处理器的型号标识为 HMS87C1202A，它是一种具有 20 只引脚的集成电路，其内部结构如图 17-16 所示。

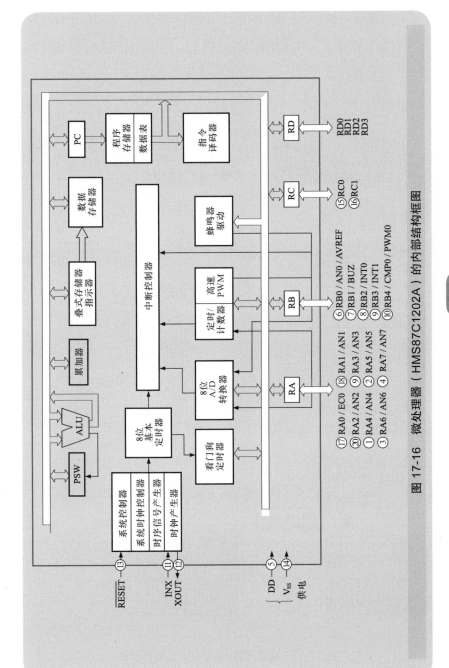

图 17-16 微处理器（HMS87C1202A）的内部结构框图

对于微处理器 MCU 部分的检修，应根据其信号流程逐级进行检测，从而查找故障线索，判定故障部位。图 17-17 所示为微处理器 MCU 部分的检测要点。

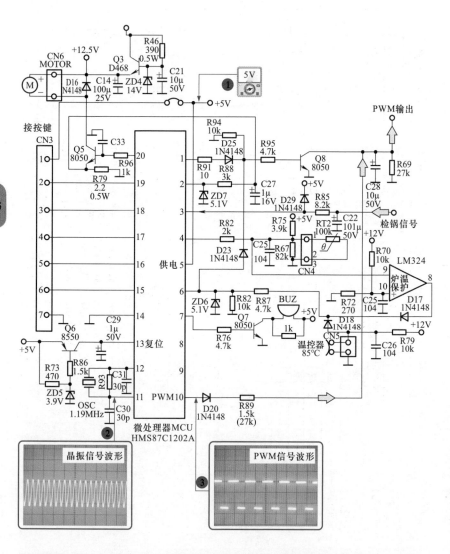

图 17-17　微处理器 MCU 部分的检修要点

HMS87C1202A（微处理器 MCU）的⑤脚为 +5V 电压供电端。对微处理器 MCU 的供电电压进行检测，若电压不正常，则应对供电电路中的元器件进行检测；若供电电压正常，则应继续检测晶振信号以及输出信号等。

HMS87C1202A（微处理器 MCU）的⑪脚和⑫脚外接晶体 OSC，用来产生时钟振荡信号。对微处理器 MCU 的时钟振荡信号进行检测，若信号不正常，则可能是晶体或微处理器 MCU 本身损坏。

HMS87C1202A（微处理器 MCU）的⑩脚输出 PWM 驱动信号，送往 PWM 调整电路中。对微处理器 MCU 输出的 PWM 驱动信号进行检测，在供电电压和晶体 OSC 正常的情况下，若无 PWM 信号输出，则可能是微处理器 MCU 本身损坏。具体操作如图 17-18 所示。

237

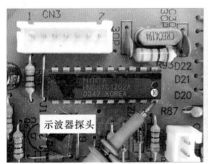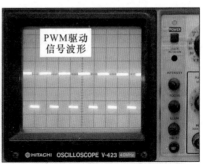

图 17-18　微处理器 MCU 输出 PWM 信号的检测方法

HMS87C1202A（微处理器 MCU）的③脚为检锅信号输入端，与锅质检测电路相连；⑦脚输出蜂鸣器控制信号，控制蜂鸣器 BUZ 工作；⑳脚输出风扇驱动信号，驱动风扇工作；⑮～⑲脚与操作显示电路相连，用来输送人工指令，或输出指示灯控制信号。图 17-19 所示为正常情况下 HMS87C1202A（微处理器 MCU）的⑦脚测得的蜂鸣器控制信号和③脚测得的检锅信号波形。

图 17-19 微处理器 MCU 其他引脚的信号波形

17.2.3 电磁炉中的电压比较器的检修

电压比较器是电磁炉中的关键部件之一，电磁炉中采用较多的电压比较器为 LM339，其内部集成了 4 个独立的电压比较器，每个电压比较器都可以独立地构成单元电路，如图 17-20 所示。

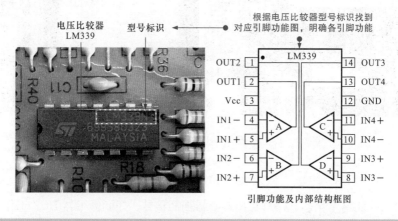

图 17-20 电压比较器 LM339 实物及引脚功能

在电路中，电压比较器（LM339）内部 4 个独立的电压比较器都可以单独使用。如可与外围元器件构成电磁炉的同步振荡器、电流或电压检测电路，以及传感器接口电路等。

提示

电压比较器是通过两个输入端电压值（或信号）的比较结果决定输出端状态的一种放大部件。当电压比较器的同相输入端电压高于反相输入端电压时，输出高电平；当反相输入端电压高于同相输入端电压时，输出低电平，如图 17-21 所示。电磁炉中的许多检测信号比较、判断以及产生，都是由该芯片完成的。

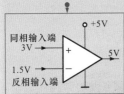

当同相输入端电压高于反相输入端电压时，输出高电平

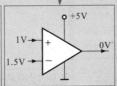

当反相输入端电压高于同相输入端电压时，输出低电平

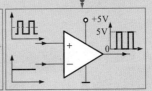

当反相输入端输入直流电压，同相输入端输入脉冲信号时，可以按照上述规律分析

脉冲信号高于直流电压时，输出高电平；脉冲信号低于直流电压时，输出低电平；最终输出脉冲信号

图 17-21 电压比较器输入与输出端电压或信号关系

相关资料

电压比较器 LM339 各引脚的功能见表 17-4。

表 17-4 电压比较器 LM339 各引脚的功能

引脚号	名称	功能	引脚号	名称	功能
①	OUT2	输出 2	⑧	IN3−	反相输入 3
②	OUT1	输出 1	⑨	IN3+	同相输入 3
③	V_{CC}	电源	⑩	IN4−	反相输入 4
④	IN1−	反相输入 1	⑪	IN4+	同相输入 4
⑤	IN1+	同相输入 1	⑫	GND	接地
⑥	IN2−	反相输入 2	⑬	OUT4	输出 4
⑦	IN2+	同相输入 2	⑭	OUT3	输出 3

检测电压比较器，首先对电压比较器 U1 和 U3（LM339）的 12V 供电电压进行检测。检测时需将万用表调至"直流 50V"电压挡，用黑表笔搭在接地端上，红表笔搭在 LM339 的③脚上，如图 17-22 所示。正常情况下，应可检测到 12V 电压；若电压不正常，则应对供电电路进行检测。

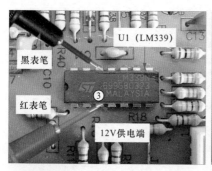

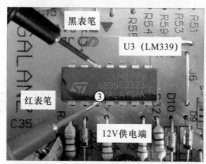

图 17-22　电压比较器 U1 和 U3 供电电压的检测方法

对电压比较器 U3 的⑥脚炉盘线圈的电压取样信号、⑦脚 IGBT 的 C 极取样信号进行检测，如图 17-23 所示。

接着对电压比较器 U3 的⑩脚锯齿波信号进行检测，如图 17-24 所示。

对电压比较器 U3 的②脚输出的 PWM 调制信号进行检测，如图 17-25 所示。U3 在供电电压和输入取样信号正常的情况下，若锯齿波信号或输出的 PWM 调制信号不正常，则可能是 U3 本身已经损坏。

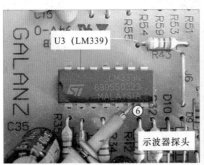
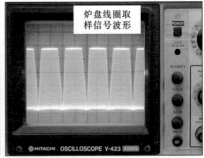

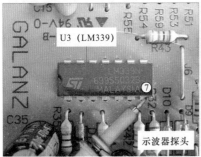
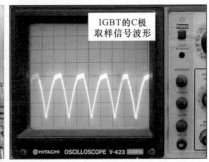

241

图 17-23　电压比较器 U3 输入信号的检测

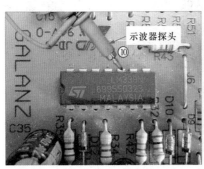
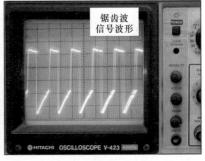

图 17-24　电压比较器 U3 锯齿波信号的检测方法

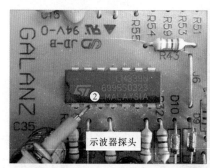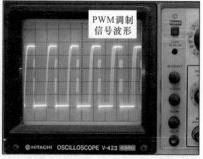

图 17-25　电压比较器 U3 输出 PWM 调制信号的检测方法

电压比较器 U1（LM339）的检测方法与 U3 基本相同。在供电电压正常的情况下，可对 U1 的⑥脚 IGBT 的 C 极取样信号（参照 U3 的⑦脚波形）以及 U1 的②脚输出的检锅信号进行检测，如图 17-26 所示。若⑥脚信号正常，而②脚输出的检锅信号不正常，则可能是 U1 内部已经损坏。

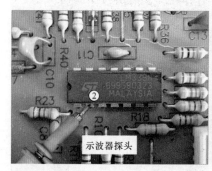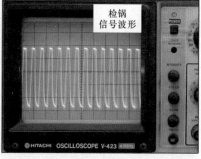

图 17-26　电压比较器 U1 输出检锅信号的检测方法

242

第 18 章

认识变压器

18.1　了解变压器的功能特点

18.1.1　了解变压器的功能

变压器是将两组或两组以上的线圈绕制在同一个线圈骨架上，或绕在同一铁心上制成的。通常，把与电源相连的线圈称为初级绕组，也叫一次绕组；其余的线圈称为次级绕组，也叫二次绕组。

变压器利用电感线圈靠近时的互感原理，将电能或信号从一个电路传向另一个电路。变压器在电路中主要可用于实现提升或降低交流电压、阻抗变换、相位变换、电气隔离、信号自耦等功能。

1　提升或降低交流电压功能

通俗地说，变压器即变换电压的器件，提升或降低交流电压是变压器的主要功能。图 18-1 所示为变压器提升或降低交流电压的功能示意图。

2　阻抗变换功能

变压器通过初级绕组、次级绕组还可实现阻抗的变换，即初级与次级绕组的匝数比不同，输入与输出的阻抗也不同。图 18-2 所示为变压器实现阻抗变换的功能示意图。

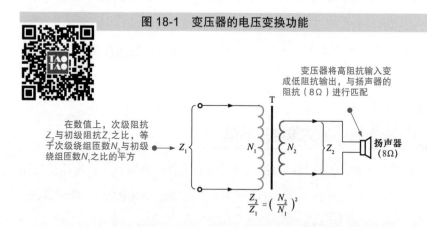

当交流220V电压加在初级绕组上时，在初级绕组上就形成了感应电动势

绕制的线圈就产生出交变的磁场，从而使铁心磁化

次级绕组也产生与初级绕组变化相同的交变磁场，再根据电磁感应原理，次级绕组便会产生出交流电压

匝数 N_1

匝数 N_2

空载时，输出电压与输入电压之比等于次级绕组的匝数 N_2 与初级绕组的匝数 N_1 之比，即 $U_2/U_1=N_2/N_1$

交流输入 (U_1)

交变磁场

交流输出 (U_2)

244

$\dfrac{U_2}{U_1}=\dfrac{N_2}{N_1}$ U_1 N_1 N_2 U_2

$\dfrac{U_2}{U_1}=\dfrac{N_2}{N_1}$ U_1 N_1 N_2 U_2

初级绕组匝数少而次级绕组匝数多时，实现升压

初级绕组匝数多而次级绕组匝数少时，实现降压

图 18-1　变压器的电压变换功能

变压器将高阻抗输入变成低阻抗输出，与扬声器的阻抗（8Ω）进行匹配

在数值上，次级阻抗 Z_2 与初级阻抗 Z_1 之比，等于次级绕组匝数 N_2 与初级绕组匝数 N_1 之比的平方

Z_1 N_1 N_2 Z_2 扬声器（8Ω）

$$\dfrac{Z_2}{Z_1}=\left(\dfrac{N_2}{N_1}\right)^2$$

图 18-2　变压器实现阻抗变换的功能示意图

3　相位变换功能

通过改变变压器初级和次级绕组的接法，可以很方便地将输入

信号的相位进行倒相。图 18-3 所示为变压器实现相位变换的功能示意图。

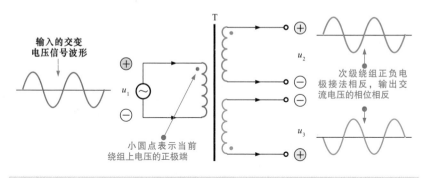

图 18-3　变压器实现相位变换的功能示意图

4　电气隔离的功能

根据变压器的变压原理，其初级绕组部分的交流电压是通过电磁感应原理"感应"到次级绕组上的，而没有进行实际的电气连接，因此变压器具有电气隔离的功能。

图 18-4 所示为变压器实现电气隔离功能的原理示意图。

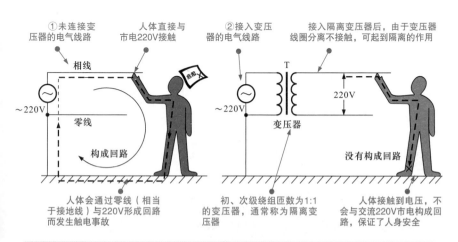

图 18-4　变压器实现电气隔离功能的原理示意图

5 信号自耦的功能

具有一个线圈多个抽头的变压器称为自耦变压器，这种变压器无隔离功能。图 18-5 所示为变压器实现信号自耦功能的原理示意图。

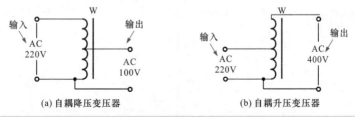

(a) 自耦降压变压器   (b) 自耦升压变压器

图 18-5　变压器实现信号自耦功能的原理示意图

18.1.2　识读变压器的铭牌参数

1 变压器型号标识

变压器常用字母与数字进行组合来构成其整个型号的命名，不同变压器的命名方式略有不同，所代表的含义也有差异。

我国相关标准规定，普通变压器型号标识由 3 个部分构成。图 18-6 所示为典型变压器的型号标识，相关标识中的含义见表 18-1。

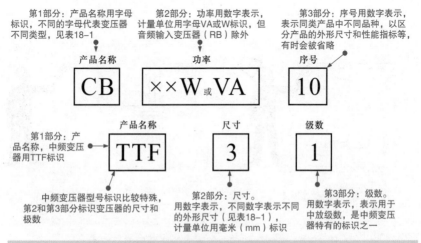

图 18-6　典型变压器的型号标识

表 18-1　典型变压器的型号标识含义

型号标识		含义	型号标识		含义
产品名称	DB	电源变压器	尺寸 /mm（中频变压器）专用标识	1	$7 \times 7 \times 12$
	CB	音频输出变压器		2	$10 \times 10 \times 14$
	RB/JB	音频输入变压器		3	$12 \times 12 \times 16$
	GB	高压变压器		4	$10 \times 25 \times 36$
	HB	灯丝变压器	级数	1	第一级中放
	SB/ZB	音频输送变压器		2	第二级中放
	T	中频变压器		3	第三级中放
	TTF	调幅收音机用中频变压器	功率	用数字表示，单位为 W 或 VA，音频输入变压器除外	
序号		用数字表示（可省略）			

247

2　变压器的铭牌标识

（1）铭牌标识基本参数　有些变压器的铭牌上直接将额定功率、输入电压、输出电压等数值明确标出，这种标识的识读比较直接简单。图 18-7 所示为典型变压器的参数识读实例。

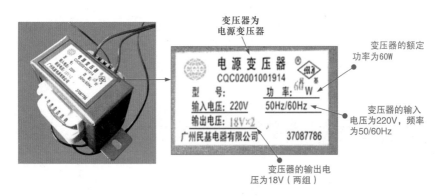

图 18-7　典型变压器的参数识读实例

（2）铭牌标识初、次级绕组引线　如图 18-8 所示，有些变压器初、次级绕组的引线也在铭牌中进行了标记，可以直接根据标识识别后，进行变压器的安装连接。

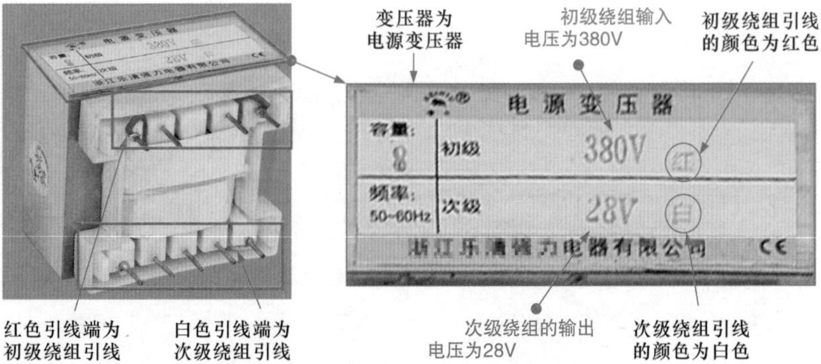

变压器为
电源变压器

初级绕组输入
电压为380V

初级绕组引线
的颜色为红色

红色引线端为
初级绕组引线

白色引线端为
次级绕组引线

次级绕组的输出
电压为28V

次级绕组引线
的颜色为白色

图 18-8　识别变压器初、次级绕组的标注实例

提示

如果没有标记变压器初级、次级绕组的引线，一般可以通过检测或观察引线粗细的方法来辨别。通常，对于降压变压器来说，线径较细的一组引线为初级绕组的引线，线径较粗的为次级绕组的引线；初级绕组的线圈匝数较多，次级绕组的线圈匝数较少。另外，通过测量绕组线圈的阻值也可判别，即阻值较大的为初级绕组，阻值较小的为次级绕组。如果是升压变压器，判别方法正好相反。

而对于中频变压器来说，可以通过引脚个数区分，一般有 3 个引脚的一侧为初级绕组端，两个引脚的一侧为次级绕组端。

18.2　认识常用的变压器

18.2.1　低频变压器

低频变压器是指工作频率较低的一些变压器，常见的低频变压器有电源变压器和音频变压器。

1　电源变压器

电源变压器是一种用来改变供电电压或电流的变压器，因此通常应用于各种电子产品中的电源电路部分，主要有普通降压变压器和开关变压器两种。

图 18-9 所示为常见电源变压器的实物外形。电源变压器的种类很多，外形各异，但基本结构大体一致，主要由铁心、线圈、骨架、固定零件和屏蔽层构成。

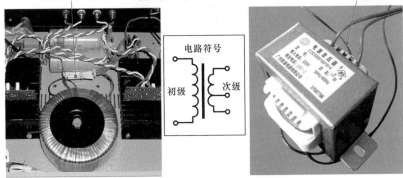

环形降压变压器 ← 降压变压器包括环形降压变压器和E形降压变压器两种，直接工作在220V/50Hz条件下 → E形降压变压器

电路符号
初级　次级

开关变压器

电路符号
初级　次级　次级　次级　次级

开关变压器的工作频率为1～50kHz，它相对于中高频变压器来说工作频率较低，因此称为低频变压器；但相对于一般的降压变压器来说，也可称为高频变压器(因此可以说变压器频率的高低是相对而言的)

开关变压器是一种脉冲信号变压器，它主要应用在开关电源电路中，可将高压脉冲信号变成多组低压脉冲信号

图 18-9　常见电源变压器的实物外形

2 音频变压器

图 18-10 所示为常见音频变压器的实物外形。音频变压器是传输音频信号的变压器，根据功能还可分为输入变压器和输出变压器，它们分别接在功率放大器的输入级和输出级。

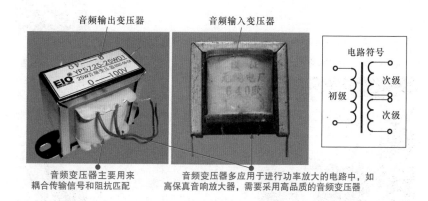

音频输出变压器　　　　　音频输入变压器

电路符号

初级　　次级　　次级

音频变压器主要用来
耦合传输信号和阻抗匹配

音频变压器多应用于进行功率放大的电路中，如
高保真音响放大器，需要采用高品质的音频变压器

图 18-10　常见音频变压器的实物外形

18.2.2　中频变压器

中频变压器简称中周，它的适用范围一般在几千赫兹至几十兆赫兹之间，频率较高，如图 18-11 所示。

18.2.3　高频变压器

工作在高频电路中的变压器被称为高频变压器，常见主要有收音机、电视机、手机、卫星接收机中的高频变压器。短波收音机的高频变压器工作在 1.5~30 MHz，FM 收音机的高频变压器工作在 88~108 MHz。

如图 18-12 所示，收音机的磁性天线（绕有两组线圈）实际上是一种高频变压器。

中频变压器与振荡线圈的外形十分相似，可通过磁帽上的颜色区分。常见的中频变压器主要有白色、红色、绿色和黄色，颜色不同，具体的参数和应用也不同

收音机中的中频变压器

中频变压器的谐振频率：在调幅式收音机中为465kHz，在调频式收音机中为10.7MHz，在电视机中为38MHz

屏蔽罩

磁帽

尼龙架

绕线磁心

底座

结构组成

不同规格的中频变压器

251

图 18-11　中频变压器的实物外形

高频变压器外形一（磁棒天线）

高频变压器外形二

外形与中频变压器十分相似，但内部的具体结构不同

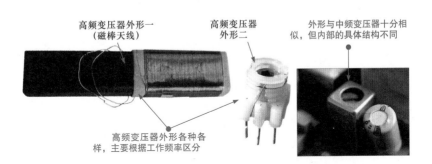

高频变压器外形各种各样，主要根据工作频率区分

图 18-12　高频变压器的实物外形

18.2.4　特殊变压器

特殊变压器是指应用在一些专用的、特殊的环境中的变压器。如图 18-13 所示，在电子产品中，常见的特殊变压器主要有彩色电视机中的行输出变压器、行激励变压器等。

行输出变压器

行激励变压器

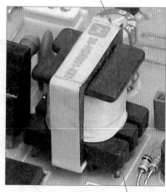

电路符号

电路符号

行输出变压器能输出几万伏的高压和几千伏的副高压，故又称高压变压器。这种变压器的线圈结构很复杂，且型号不同线圈结构也不同

行激励变压器可降低输出电压幅度

图 18-13　常见特殊变压器的实物外形

第 19 章

练习变压器的检测

19.1 变压器的检测方法

19.1.1 变压器绕组阻值的检测方法 ------------------------

变压器是一种以初级、次级绕组为核心的部件，当使用万用表检测时，可通过检测绕组阻值来判断变压器是否损坏。

检测变压器绕组阻值主要包括对初级、次级绕组自身阻值的检测、绕组与绕组之间绝缘电阻的检测、绕组与铁心或外壳之间绝缘电阻的检测 3 个方面。在检测变压器绕组阻值之前，应首先区分待测变压器的绕组引脚，如图 19-1 所示。

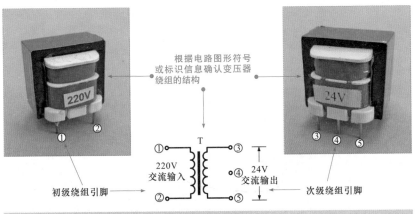

图 19-1 区分待测变压器的绕组引脚

图 19-2 所示为检测变压器绕组自身阻值的方法。将万用表的量程旋钮调至欧姆挡，红黑表笔分别搭在待测变压器的初级绕组两引脚上或次级绕组两引脚上，观察万用表显示屏，在正常情况下应有一固定值。若实测阻值为无穷大，则说明所测绕组存在断路现象。

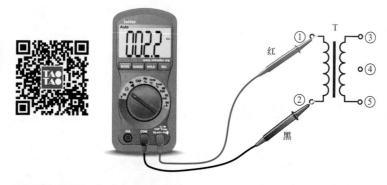

图 19-2　检测变压器绕组自身阻值的方法

图 19-3 所示为检测变压器绕组与绕组之间的阻值的方法。将万用表的量程旋钮调至欧姆挡，红黑表笔分别搭在待测变压器的初级、次级绕组任意两引脚上，观察万用表显示屏，在正常情况下应为无穷大。若绕组之间有一定的阻值或阻值很小，则说明所测变压器绕组之间存在短路现象。

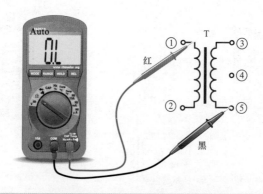

图 19-3　检测变压器绕组与绕组之间的阻值的方法

图 19-4 所示为检测变压器绕组与铁心之间的阻值的方法。将万用表的量程旋钮调至欧姆挡，红黑表笔分别搭在待测变压器的初级、次级绕组任意两引脚上，观察万用表显示屏，在正常情况下应为无穷大。若绕组之间有一定的阻值或阻值很小，则说明所测变压器绕组之间存在短路现象。

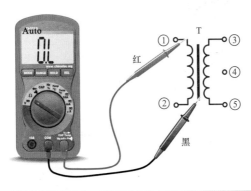

图 19-4　检测变压器绕组与铁心之间的阻值的方法

19.1.2　变压器绕组电感量的检测方法

变压器初级、次级绕组都相当于多匝数的电感线圈，可以用万用电桥检测初级、次级绕组的电感量来判断变压器的好坏。

在检测之前，应首先区分待测变压器的绕组引脚，如图 19-5 所示。

提示

对于其他类型的变压器来说，如果没有标识变压器的初级、次级，则一般可以通过观察引线粗细的方法来区分。通常，对于降压变压器，线径较细引线的一侧为初级，线径较粗引线的一侧为次级；线圈匝数较多的一侧为初级，线圈匝数较少的一侧为次级。另外，通过测量绕组的阻值也可区分，即阻值较大的一侧为初级，阻值较小的一侧为次级。如果是升压变压器，则区分方法正好相反。

256

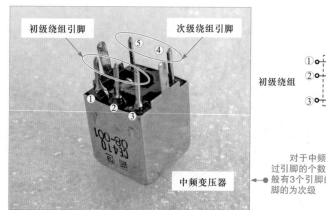

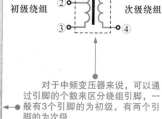

初级绕组引脚

次级绕组引脚

初级绕组

次级绕组

中频变压器

对于中频变压器来说，可以通过引脚的个数来区分绕组引脚，一般有3个引脚的为初级，有两个引脚的为次级

图 19-5　区分待测变压器的绕组引脚

图 19-6 所示为使用万用电桥检测变压器绕组电感量的方法。将万用电桥的相应旋钮均调节到适合的测量挡位，两测试线上的鳄鱼夹分别夹在变压器的初级绕组两引脚或次级绕组两引脚上，根据万用电桥各旋钮的指示位置即可读出绕组的电感量。

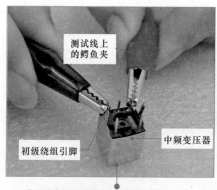

测试线上的鳄鱼夹

初级绕组引脚

中频变压器

将万用电桥两测试线上的鳄鱼夹分别夹在中频变压器一次侧绕组的两个引脚上

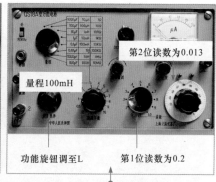

第2位读数为0.013

量程100mH

功能旋钮调至L

第1位读数为0.2

将功能旋钮调至L，量程选择旋钮调至100mH，分别调节各读数旋钮，使指示电表指向0位，此时读取万用电桥显示数值为（0.2+0.013）×100mH=21.3mH

图 19-6　使用万用电桥检测变压器绕组电感量的方法

19.2 变压器检测应用实例

19.2.1 微波炉中的变压器的检修

如图 19-7 所示，高压变压器是微波发射装置的辅助器件，也称高压稳定变压器，在微波炉中主要用来为磁控管提供高压电压和灯丝电压。当高压变压器损坏时，将引起微波炉不微波的故障。

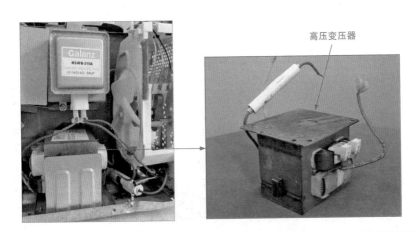

图 19-7　微波炉中的高压变压器

检测高压变压器可在断电状态下，通过检测高压变压器各绕组之间的阻值判断高压变压器是否损坏。

如图 19-8 所示，在检测之前首先搞清待测高压变压器的绕组关系。

接下来分别对高压变压器各绕组间的阻值进行检测，图 19-9 所示为高压变压器初级绕组（电源输入）的阻值检测方法。将万用表的量程旋钮调至"×1"欧姆挡，红黑表笔分别搭在高压变压器的电源输入端。万用表实测电源输入端（初级绕组）的阻值约为 1.1Ω，表示正常。若实测绕组阻值为 0 或无穷大，则说明绕组线圈出现短路或断路情况。

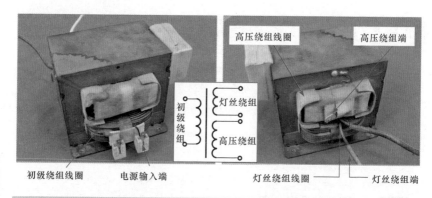

初级绕组线圈　　电源输入端　　　　灯丝绕组线圈　　　灯丝绕组端

图 19-8　搞清待测高压变压器的绕组关系

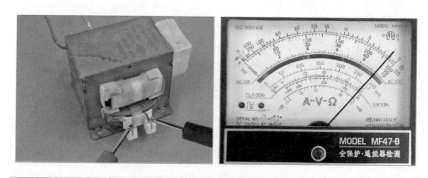

图 19-9　高压变压器初级绕组（电源输入）的阻值检测方法

采用同样的方法分别检测高压绕组、灯丝绕组的阻值，在正常情况下应分别为 100Ω 和 0.1Ω。

19.2.2　电磁炉中的变压器的检修

电源变压器是电磁炉中的电压变换部件，主要用于将交流 220V 电压降压。若电源变压器故障，将导致电磁炉不工作或加热不良等现象。

若怀疑电源变压器异常，除开路检测变压器绕组阻值外，还可在通电状态下，借助万用表检测输入侧和输出侧的电压值来判断好坏。

如图 19-10 所示，在检测之前首先通过待测变压器表面的标识信息，对待测变压器的参数进行识读。

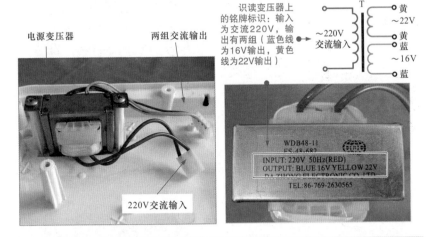

图 19-10　识读待测变压器参数信息

259

提示

通过待测变压器表面的铭牌标识，可以识别出红色引线端为交流 220V 输入端口；另一侧，黄色的一组引线为 22V 输出端口，蓝色的一组引线则为 16V 输出端口。

图 19-11 所示为检测变压器输入电压的方法。将变压器置于实际工作环境或搭建测试电路模拟实际工作环境，将万用表的量程旋钮调至交流电压挡，红黑表笔分别搭在待测变压器的输入端。正常情况下，应该能够检测到交流 220V 左右的电压。当前实测输入电压为交流 220.3V，表示输入侧电压正常。

接下来，按图 19-12 所示，将万用表的红黑表笔分别搭在待测变压器的蓝色输出端，检测蓝色引线输出端的输出电压。正常情况下应该能够检测到 16V 左右的电压，当前实测输出电压为交流 16.1V。

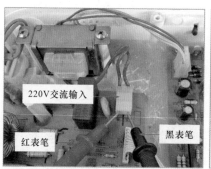

图 19-11　检测变压器输入电压的方法

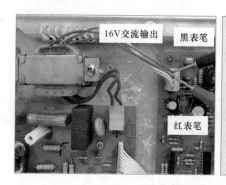

图 19-12　检测蓝色引线输出端的输出电压

　　同样方法，检测另一组黄色引线输出端的电压。操作如图 19-13 所示，将万用表的红黑表笔分别搭在待测变压器的黄色输出端。正常情况下应该能够检测到 22V 左右的电压，当前实测 22.4V。

　　若在路检测过程中，输入端电压正常，输出端电压不正常，则说明待测变压器存在故障。

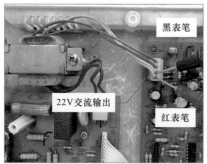

黑表笔

22V交流输出

红表笔

261

图 19-13 检测黄色引线输出端的输出电压

第 20 章

认识电动机

20.1 了解电动机的功能特点

20.1.1 了解电动机的功能

如图 20-1 所示，电动机的主要功能就是实现电能向机械能的转换，即将供电电源的电能转换为电动机转子转动的机械能，最终通过转子上的转轴的转动带动负载转动，实现各种传动功能。

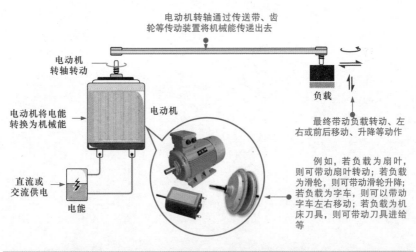

图 20-1 电动机基本功能示意图

　　直流电动机具有良好的可控性能，很多对调速性能要求较高的产品或设备都采用直流电动机作为动力源。可以说，直流电动机几乎涉及各个领域。例如，在家用电子电器产品、电动产品、工农业设备、交通运输设备中，甚至在军事和宇航等很多对调速和起动性能要求高的场合都有广泛应用，如图 20-2 所示。

图 20-2　直流电动机的应用实例

　　交流电动机具有结构简单、工作可靠、工作效率和带负载能力较强等特点，应用也十分广泛，在家用电器中、工农业生产机械、交通运输、国防、商业及医疗设备等各方面都有广泛应用。

　　图 20-3 所示为交流电动机的应用实例。

264

洗衣机中的洗涤电动机采用交流电动机

洗衣机

电风扇

交流电动机（单相异步）

交流电动机（单相异步）

交流电动机（单相异步）

吸尘器

电风扇中用于驱动扇叶转动的电动机采用交流电动机

吸尘器中用于吸尘工作的涡轮式抽气机采用交流电动机

交流电动机

自动化仪表设备

医用饮片机

交流电动机

药用粉碎机

图 20-3　交流电动机的应用实例

20.1.2 识读电动机的铭牌参数

1 直流电动机的铭牌参数

直流电动机的各种参数信息一般都标识在铭牌上，包括直流电动机的型号、额定电压、额定电流、转速等相关规格参数。

图 20-4 所示为典型直流电动机上的铭牌及识读方法。直流电动机产品代号所代表的含义见表 20-1。

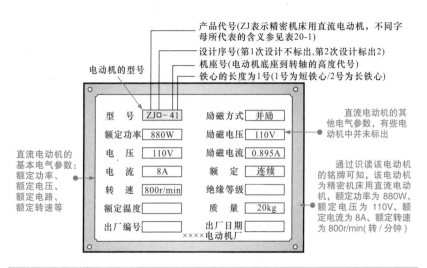

图 20-4 典型直流电动机上的铭牌及识读方法

2 交流电动机的铭牌参数

交流电动机中单相交流电动机与三相交流电动机的铭牌标识有所区别，可以分别对单相交流电动机和三相交流电动机的参数进行识别。

（1）单相交流电动机的铭牌参数 不同的单相交流电动机的规格参数都有所不同，但各参数均标识在单相交流电动机的铭牌上，并贴在电动机较明显的部位，便于使用者对该电动机各参数的了解。

表 20-1　直流电动机型号标识中各种符号的含义

型号	含义	型号	含义	型号	含义
Z	直流电动机	ZWH	无换向器式	ZZF	轧机辅传动用
ZK	高速直流电动机	ZX	空心杯式	ZDC	电铲起重用
ZYF	幅压直流电动机	ZN	印刷绕组式	ZZJ	冶金起重用
ZY	永磁（铝镍钴）式	ZYJ	减速永磁式	ZZT	轴流式通风用
ZYT	永磁（铁氧体）式	ZYY	石油井下用永磁式	ZDZY	正压型
ZYW	稳速永磁（铝镍钴）式	ZJZ	静止整流电源供电用	ZA	增安型
ZTW	稳速永磁（铁氧体）式	ZJ	精密机床用	ZB	防暴型
ZW	无槽直流电动机	ZTD	电梯用	ZM	脉冲直流电动机
ZZ	轧机主传动直流电动机	ZU	龙门刨床用	ZS	试验用
ZLT	他励直流电动机	ZKY	空气压缩机用	ZL	录音机用永磁式
ZLB	并励直流电动机	ZWJ	挖掘机用	ZCL	电唱机用永磁式
ZLC	串励直流电动机	ZKJ	矿井卷扬机用	ZW	玩具用
ZLF	复励直流电动机	ZG	辊道用	FZ	纺织用

图 20-5 所示为典型单相交流电动机上的铭牌及识读方法，其产品代号所代表的含义见表 20-2。

（2）三相交流电动机的铭牌参数　三相交流电动机的各种规格参数也标识在电动机的铭牌上，其中包含型号、额定功率、额定电压、额定电流、额定频率、额定转速、噪声等级、接线方法、防护等级、绝缘等级、工作制等。

图 20-6 所示为典型三相交流电动机上的铭牌及识读方法，其产品代号所代表的含义见表 20-3。

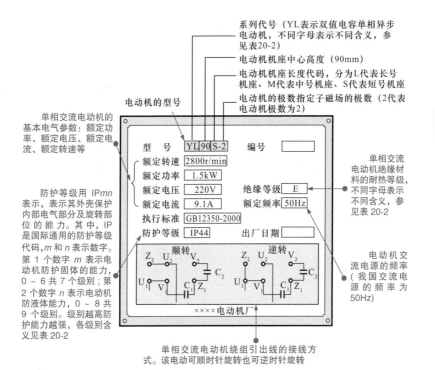

系列代号（YL表示双值电容单相异步电动机，不同字母表示不同含义，参见表20-2）

电动机机座中心高度（90mm）

电动机机座长度代码，分为L代表长号机座、M代表中号机座、S代表短号机座

电动机的极数指定子磁场的极数（2代表电动机极数为2）

电动机的型号

单相交流电动机的基本电气参数：额定功率、额定电压、额定电流、额定转速等

防护等级用 IPmn 表示，表示其外壳保护内部电气部分及旋转部位的能力。其中，IP 是国际通用的防护等级代码，m 和 n 表示数字。第 1 个数字 m 表示电动机防护固体的能力，0 ~ 6 共 7 个级别；第 2 个数字 n 表示电动机防护液体的能力，0 ~ 8 共 9 个级别。级别越高防护能力越强，各级别含义见表 20-2

单相交流电动机绝缘材料的耐热温度，不同字母表示不同含义，参见表 20-2

电动机交流电源的频率（我国交流电源的频率为 50Hz）

单相交流电动机绕组引出线的接线方式。该电动可顺时针旋转也可逆时针旋转

图 20-5　典型单相交流电动机上的铭牌及识读方法

表 20-2　单相交流电动机铭牌标识信息中不同字母或数字的含义

系列代号含义		防护等级（IPmn）			
字母	含义	m 值	防护固体能力	n 值	防护液体能力
YL	双值电容单相异步电动机	0	没有防护措施	0	没有专门的防护措施
YY	单相电容运转异步电动机	1	防护物体直径为 50mm	1	可防护滴水
YY	单相电容运转异步电动机	1	防护物体直径为 50mm	2	水平方向夹角 15° 滴水
YC	单相电容起动异步电动机	2	防护物体直径为 12mm	3	60° 方向内的淋水
绝缘等级		3	防护物体直径为 2.5mm	4	可任何方向溅水
代码	耐热温度	4	防护物体直径为 1mm	5	可防护一定压力的喷水
E	120℃	4	防护物体直径为 1mm	6	可防护一定强度的喷水
B	130℃	5	防尘	7	可防护一定压力的浸水
F	155℃	5	防尘	7	可防护一定压力的浸水
H	180℃	6	严密防尘	8	可防护长期浸在水里

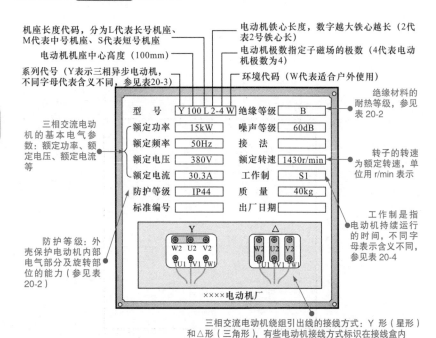

机座长度代码,分为L代表长号机座、M代表中号机座、S代表短号机座

电动机机座中心高度（100mm）

系列代号（Y表示三相异步电动机,不同字母代表含义不同,参见表20-3）

电动机铁心长度,数字越大铁心越长（2代表2号铁心长）

电动机极数指定子磁场的极数（4代表电动机极数为4）

环境代码（W代表适合户外使用）

绝缘材料的耐热等级,参见表20-2

三相交流电动机的基本电气参数：额定功率、额定电压、额定电流等

转子的转速为额定转速,单位用 r/min 表示

工作制是指电动机持续运行的时间,不同字母表示含义不同,参见表20-4

防护等级：外壳保护电动机内部电气部分及旋转部位的能力（参见表20-2）

三相交流电动机绕组引出线的接线方式：Y 形（星形）和 △ 形（三角形）,有些电动机接线方式标识在接线盒内

图 20-6 典型三相交流电动机上的铭牌及识读方法

表 20-3 三相交流电动机常用系列代号含义

字母	名称	字母	名称	字母	名称
Y	基本系列	YB	隔爆型	YBGB	隔爆型旁磁式制动
YA	增安型	YBB	隔爆型	YBH	隔爆型管道泵用
YACJ	增安型齿轮减速	YBCJ	隔爆型采煤机用	YBHJ	隔爆型高转差率
YACT	增安型电磁调速	YBCS	隔爆型齿轮减速	YBI	隔爆型回柱绞车用
YAD	增安型多速	YBCT	隔爆型采煤机用水冷	YBJ	隔爆型装岩机用
YADF	增安型电动阀门用	YBD	隔爆型电磁调速	YBK	隔爆型绞车用
YAH	增安型高滑差率	YBDF	隔爆型多速	YBLB	隔爆型矿用
YAQ	增安型高起动转矩	YBEG	隔爆型电动阀门用	YBPG	隔爆型立交深井泵用
YAR	增安型绕线转子	YBEJ	隔爆型杠杆式制动	YBPJ	隔爆型高压屏蔽式
YATD	增安型电梯用	YBEP	隔爆附加制动器制动	YBPL	隔爆型泥浆屏蔽式

字母	名称	字母	名称	字母	名称
YBPL	隔爆型制冷屏蔽式	YGB	管道泵用	YR	绕线转子
YBPT	隔爆型特殊屏蔽式	YGT	滚筒用	YRL	绕线转子立式
YBQ	隔爆型高起动转矩	YH	高滑差	YS	分马力
YBR	隔爆型绕线转子	YHJ	行星齿轮减速	YSB	电泵（机床用）
YBS	隔爆型运输机用	YI	装煤机用	YSDL	冷却塔用多速
YBT	隔爆型轴流局部扇风机	YJI	谐波齿轮减速	YSL	离合器用
YBTD	隔爆型电梯用	YK	大型高速	YSR	制冷机用耐氟
YBY	隔爆型链式运输机用	YLB	立式深井泵用	YTD	电梯用
YBZ	隔爆型起重用	YLJ	力矩	YTTD	电梯用多速
YBZD	隔爆型起重用多速	YLS	立式	YUL	装入式
YBZS	隔爆型起重用双速	YM	木工用	YX	高效率
YBU	隔爆型掘进机用	YNZ	耐震用	YXJ	摆线针轮减速
YBUS	隔爆型掘进机用冷水	YOJ	石油井下用	YZ	冶金及起重
YBXJ	隔爆型摆线针轮减速	YP	屏蔽式	YZC	低振动低噪声
YCJ	齿轮减速	YPG	高压屏蔽式	YZD	冶金及起重用多速
YCT	电磁调速	YPJ	泥浆屏蔽式	YZE	冶金及起重用制动
YD	多速	YPL	制冷屏蔽式	YZJ	冶金及起重减速
YDF	电动阀门用	YPT	特殊屏蔽式	YZR	冶金及起重用绕线转子
YDT	通风机用多速	YQ	高起动转矩	YZRF	冶金及起重用绕线转子（自带风机式）
YEG	制动（杠杆式）	YQL	井用潜卤	YZRG	冶金及起重用绕线转子（管道通风式）
YEJ	制动（附加制动器式）	YQS	井用（充水式）潜水	YZRW	冶金及起重用涡流制动绕线转子
YEP	制动（旁磁式）	YQSG	井用（充水式）高压潜水	YZS	低振动精密机床用
YEZ	锥形转子制动	YQSY	井用（充油式）高压潜水	YZW	冶金及起重用涡流制动
YG	辊道用	YQY	井用潜油		

表20-4　三相交流电动机工作制代号的含义

代号	含义	代号	含义
S1	长期工作制：在额定负载下连续工作	S9	非周期工作制
S2	短时工作制：短时间运行到标准时间	S10	离散恒定负载工作制
S3~S8	不同情况断续周期工作制		

20.2　认识常用的电动机

20.2.1　永磁式直流电动机

　　永磁式直流电动机主要由定子、转子、电刷、换向器构成，如图 20-7 所示。其中，定子磁体与圆柱形外壳制成一体，转子绕组绕制在铁心上与转轴制成一体，绕组的引线焊接在换向器上通过电刷供电，电刷安装在定子机座上与外部电源相连。

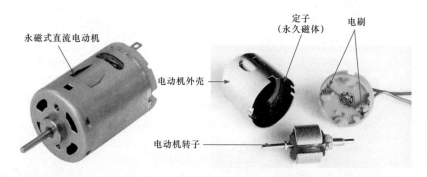

图 20-7　永磁式直流电动机的结构

　　由于两个永磁体全部安装在一个由铁磁性材料制成的圆筒内，所以圆筒外壳就成为中性磁极部分，内部两个磁体分别为 N 极和 S 极，这就构成了产生定子磁场的磁极，转子安装于其中就会受到磁场的作用而产生转动力矩。

图 20-8 所示为永磁式直流电动机定子的结构。

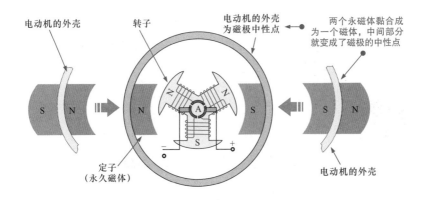

电动机的外壳

转子

电动机的外壳
为磁极中性点

两个永磁体黏合成
为一个磁极,中间部分
就变成了磁极的中性点

定子
(永久磁体)

电动机的外壳

图 20-8　永磁式直流电动机定子的结构

　　永磁式直流电动机的转子是由绝缘轴套、换向器、转子铁心、绕组及转轴（电动机轴）等部分构成的，如图 20-9 所示。

绕组绕制在
转子铁心上

3 组绕组的引线分别
焊接在 3 片换向器上

图 20-9　永磁式直流电动机转子的结构

　　换向器是将 3 个（或多个）环形金属片（铜或银材料）嵌在绝缘轴套上制成的，是转子绕组的供电端。电刷是由铜石墨或银石墨组成的导电块，通过压力弹簧的压力接触到换向器上。也就是说，电刷和换向器是靠弹性压力互相接触向转子绕组传送电流的。

　　图 20-10 所示为永磁式直流电动机换向器和电刷的结构。

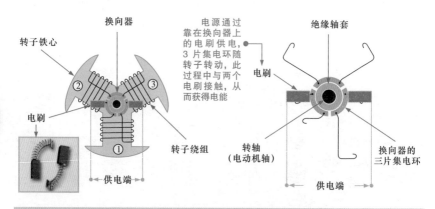

图 20-10　永磁式直流电动机换向器和电刷的结构

20.2.2　电磁式直流电动机

　　电磁式直流电动机将用于产生定子磁场的永磁体用电磁铁取代，定子铁心上绕有绕组（线圈），转子部分是由转子铁心、绕组（线圈）、整流子及转轴组成的。图 20-11 所示为典型电磁式直流电动机的结构。

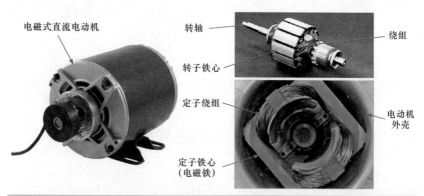

图 20-11　典型电磁式直流电动机的结构

　　如图 20-12 所示，电磁式直流电动机的外壳内设有两组铁心，铁心上绕有绕组（定子绕组），绕组由直流电压供电。当有电流流过时，定子铁心便会产生磁场。

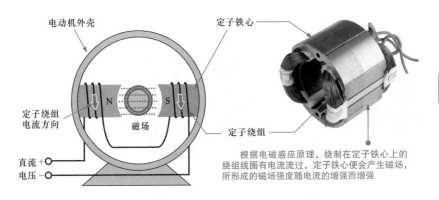

根据电磁感应原理，绕制在定子铁心上的绕组线圈有电流流过，定子铁心便会产生磁场，所形成的磁场强度随电流的增强而增强

图 20-12　典型电磁式直流电动机的定子结构

将转子铁心制成圆柱状，周围开多个绕组槽以便将多组绕组卧入槽中，增加转子绕组的匝数可以增强电动机的起动转矩。图 20-13 所示为典型电磁式直流电动机转子绕组的结构。

图 20-13　典型电磁式直流电动机转子绕组的结构

20.2.3　有刷直流电动机

如图 20-14 所示，有刷直流电动机的定子是由永磁体组成的，转子

是由绕组和整流子（换向器）构成的，电刷安装在定子机座上，电源通过电刷及换向器实现电动机绕组（线圈）中电流方向的变化。

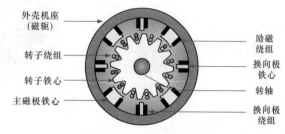

外壳机座
（磁轭）

转子绕组

转子铁心

主磁极铁心

励磁绕组

换向极铁心

转轴

换向极绕组

(a) 有刷直流电动机的剖面示意图

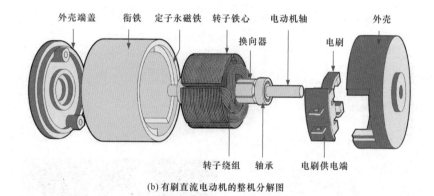

外壳端盖　　衔铁　　定子永磁铁　转子铁心　　电动机轴　　　　　外壳

换向器　　　电刷

转子绕组　　轴承　　　电刷供电端

(b) 有刷直流电动机的整机分解图

图 20-14　有刷直流电动机的结构

如图 20-15 所示，有刷直流电动机的转子部分主要由转子铁心、转子绕组、轴承、电动机轴、换向器（整流子）等部分组成。

20.2.4　无刷直流电动机

无刷直流电动机去掉了电刷和换向器，转子是由永久磁钢制成的，绕组绕制在定子上。图 20-16 所示为典型无刷直流电动机的结构。定子上的霍尔元件用于检测转子磁极的位置，以便借助该位置信号控制定子绕组中的电流方向和相位，并驱动转子旋转。

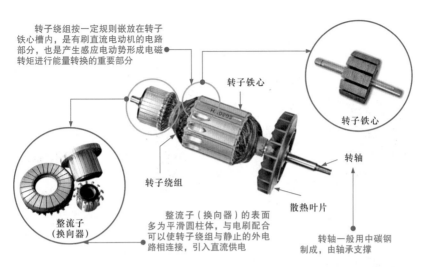

转子绕组按一定规则嵌放在转子铁心槽内，是有刷直流电动机的电路部分，也是产生感应电动势形成电磁转矩进行能量转换的重要部分

转子铁心

转子铁心

转轴

整流子（换向器）

转子绕组

散热叶片

整流子（换向器）的表面多为平滑圆柱体，与电刷配合可以使转子绕组与静止的外电路相连接，引入直流供电

转轴一般用中碳钢制成，由轴承支撑

275

图 20-15　有刷直流电动机转子的结构

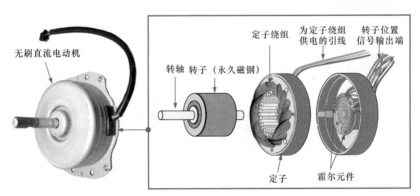

无刷直流电动机

转轴　转子（永久磁钢）

定子绕组

为定子绕组供电的引线

转子位置信号输出端

定子

霍尔元件

图 20-16　典型无刷直流电动机的结构

　　无刷直流电动机与有刷直流电动机的主要区别，在于无刷直流电动机没有电刷和换向器。图 20-17 所示为无刷直流电动机霍尔元件的安装位置。

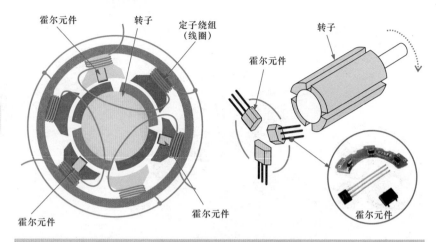

图 20-17　无刷直流电动机霍尔元件的安装位置

20.2.5　单相交流电动机

在一般情况下，单相交流电动机是指采用单相电源（一根相线、一根零线构成的交流 220 V 电源）供电的交流异步电动机。

如图 20-18 所示，单相交流电动机的结构与直流电动机基本相同，都是由静止的定子、旋转的转子、转轴、轴承、端盖等部分构成的。

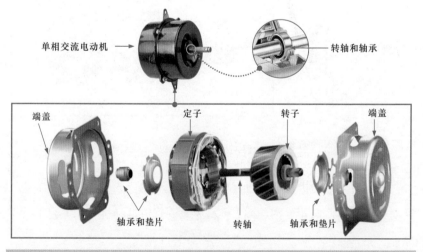

图 20-18　单相交流电动机的结构

如图 20-19 所示，单相交流电动机的定子主要是由定子铁心、定子绕组和引出线等部分构成的。

定子铁心除支撑绕组外，主要功能是增强绕组所产生的电磁场

定子铁心

定子绕组引出线

定子绕组

图 20-19　单相交流电动机定子的结构

单相交流异步电动机的转子指电动机工作时发生转动的部分，主要有鼠笼形转子和绕线形转子（换向器型）两种结构。

图 20-20 所示为单相交流电动机鼠笼形转子的结构。

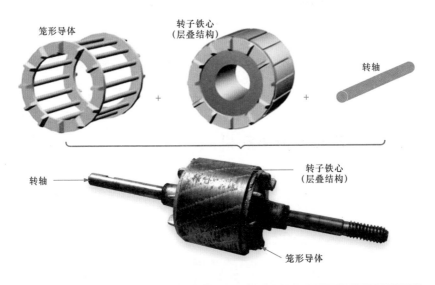

笼形导体

转子铁心（层叠结构）

转轴

转轴

转子铁心（层叠结构）

笼形导体

图 20-20　鼠笼形转子的结构

> **提示**
>
> 　　单相交流电动机大都是将交流电源加到定子绕组上，由于所加的交流电源是交变的，所以会产生变化的磁场。转子内设有多个导体，导体受到磁场的作用就会产生电流，并受到磁场的作用力而旋转，在这种情况下，转子常制成笼形。

　　图 20-21 所示为单相交流电动机绕线形（换向器型）转子的结构。

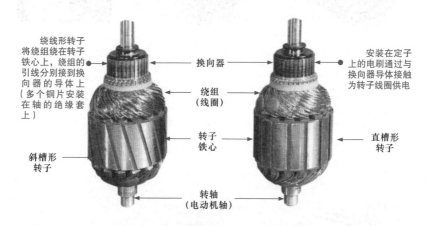

绕线形转子
将绕组绕在转子铁心上，绕组的引线分别接到换向器的导体上（多个铜片安装在轴的绝缘套上）

斜槽形转子

换向器

绕组（线圈）

转子铁心

转轴（电动机轴）

安装在定子上的电刷通过与换向器导体接触为转子线圈供电

直槽形转子

图 20-21　单相交流电动机绕线形（换向器型）转子的结构

20.2.6　三相交流电动机

　　三相交流电动机是指具有三相绕组，并由三相交流电源供电的电动机。该电动机的转矩较大、效率较高，多用于大功率动力设备中。图 20-22 所示为典型三相交流电动机的结构。

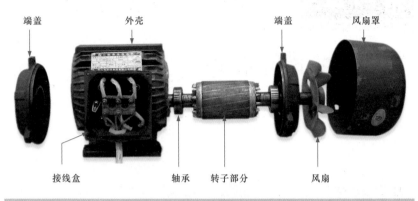

图 20-22　典型三相交流电动机的结构

第 21 章

练习电动机的检测

21.1   电动机的检测方法

21.1.1   直流电动机的检测方法 ---------------------------

电动机绕组阻值的检测主要用来检查电动机绕组接头的焊接质量是否良好、绕组层及匝间有无短路及绕组或引出线有无折断等情况。

图 21-1 所示为检测直流电动机的方法。用万用表检测电动机绕组的阻值是一种比较常用、简单易操作的测试方法，该方法可粗略检测出电动机内各相绕组的阻值，根据检测结果可大致判断出电动机绕组有无短路或断路故障。

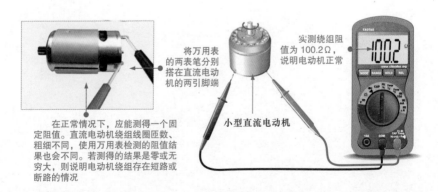

将万用表的两表笔分别搭在直流电动机的两引脚端

实测绕组阻值为 100.2Ω，说明电动机正常

小型直流电动机

在正常情况下，应能得到一个固定阻值。直流电动机绕组线圈匝数、粗细不同，使用万用表检测的阻值结果也会不同。若测得的结果是零或无穷大，则说明电动机绕组存在短路或断路的情况

图 21-1   检测直流电动机的方法

提示

如图 21-2 所示，检测直流电动机绕组的阻值相当于检测一个电感线圈的阻值，应能检测到一个固定的数值。当检测一些小功率直流电动机时，会受万用表内电流的驱动而旋转。

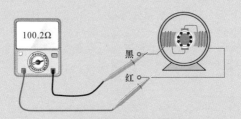

图 21-2　直流电动机绕组阻值检测示意图

21.1.2　单相交流电动机的检测方法

图 21-3 所示为单相交流电动机的检测方法。单相交

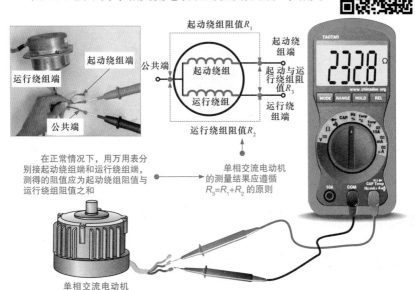

在正常情况下，用万用表分别接起动绕组端和运行绕组端，测得的阻值应为起动绕组阻值与运行绕组阻值之和

单相交流电动机的测量结果应遵循 $R_3=R_1+R_2$ 的原则

图 21-3　单相交流电动机的检测方法

282

流电动机有 3 个接线端子，用万用表分别检测任意两个接线端子之间的阻值，然后对测量值进行比对，根据比对结果可判断绕组的情况。

提示

　　如图 21-4 所示，用万用表检测三相交流电动机绕组阻值的操作，与检测单相交流电动机的方法类似。三相交流电动机每两个引线端子的阻值测量结果应基本相同。若 R_1、R_2、R_3 任意一阻值为无穷大或零，则说明绕组内部存在断路或短路故障。

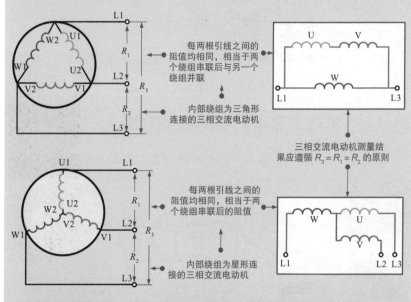

图 21-4　用万用表检测三相交流电动机绕组的阻值

21.2　电动机检测应用实例

21.2.1　洗衣机中的电动机的检修

　　在波轮洗衣机中，使用的电动机大多数为单相异步电动机，该电动机工作时需要起动电容起动才可以正常工作，如图 21-5 所示。

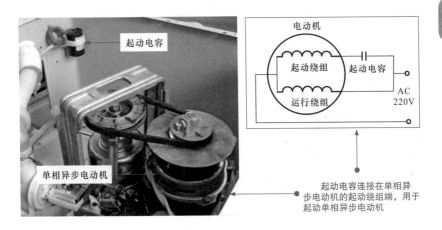

图 21-5　电动机起动电容的安装位置

　　起动电容是电动机起动的条件，因此需先检查起动电容本身是否正常。若起动电容因漏液、变形导致容量减少时，多会引起电动机转速变慢的故障；若起动电容漏电严重、完全无容量时，将会导致电动机不起动、不运行的故障。

　　检查起动电容时，可先观察其表面有无明显漏液、变形等现象，如图 21-6 所示。

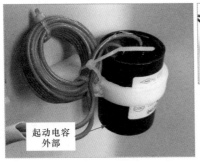

观察起动电容外壳有无明显烧焦、变形、碎裂、漏液情况，检查起动电容引脚引出线连接处有无虚焊、脱落情况，检查起动电容引出线与电动机连接部分有无松动情况。出现上述任意情况，都需要及时更换、处理或修复连接，排除故障

图 21-6　起动电容的检修方法

若起动电容外观无明显异常，则可借助万用表测量电容量的方法来判断好坏，如图 21-7 所示。

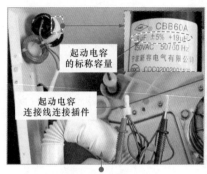

将万用表的功能旋钮置于电容测量挡位，红黑表笔分别插入电容器连接线的连接插件中

观察万用表显示屏读数，并与起动电容标称容量相比较：实测为 9.216μF，近似标称容量，说明起动电容正常

图 21-7　起动电容电容量的检测

若起动电容正常，电动机仍不能正常起动（供电等条件均正常的前提下），则需要进一步对电动机进行检修。判断电动机是否正常时，可使用万用表对电动机各绕组间的阻值进行检测，如图 21-8 所示。

洗衣机电动机引线端两两间阻值的关系应为 $R_3 \approx R_1 + R_2$

图 21-8　电动机的检测方法

将万用表的黑表笔搭在电动机的起动端，
红表笔搭在电动机的公共端，测量两个引线
端之间的阻值

万用表实测电动机公共端与
起动端之间的阻值为 40.4Ω，属
于正常范围

将黑表笔搭在单相异步电动机的运行
端，红表笔搭在公共端，万用表实测电动
机公共端与运行端之间的阻值为 39.0Ω

将红表笔搭在单相异步电动机的起动
端，黑表笔搭在运行端，万用表实测电动
机起动端与运行端之间的阻值为 79.2Ω

图 21-8　电动机的检测方法（续）

　　在正常情况下，洗衣机电动机（单相异步）起动端与运行端之间的
阻值，约等于公共端与起动端之间的阻值，再加上公共端与运行端之间
的阻值。

　　若检测时发现某两个引线端的阻值趋于无穷大，则说明绕组中有断
路情况；若 3 组数值间不满足等式关系，则说明电动机内绕组可能存在
绕组间断路故障，应更换电动机。

21.2.2　电动自行车中的电动机的检修

电动机是电动自行车的关键部件之一，也是电动自行车中的动力源部件，其主要功能是将蓄电池的电能转化为驱动电动自行车行驶的机械能。

图 21-9 所示为典型电动自行车中的电动机，一般与电动自行车的后轮轮毂制作成一体。

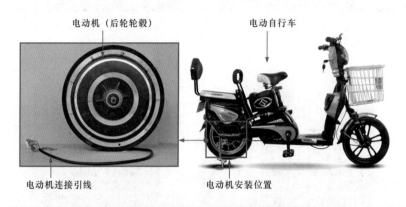

电动机（后轮轮毂）　　　　　　电动自行车

电动机连接引线　　　　　　电动机安装位置

图 21-9　典型电动自行车中的电动机

电动自行车的电动机一般采用直流电动机，由于大多数电动自行车采用后轮驱动，因此电动自行车的电动机安装在后轮上。

电动自行车电动机的类型有多种，根据结构不同主要分为有刷电动机和无刷电动机两大类。

1　有刷电动机检修案例

图 21-10 所示为有刷电动机的内部结构组成。可以看到，有刷电动机主要是由电刷组件、换向器、定子、转子、轴承和两侧端盖等构成的。

检修有刷电动机时，重点对电刷、换向器、轴承、定子永磁体、转子绕组等部分进行检测。结合检修分析，首先应对电动机外部条件进行检查，如检查电动机输出引线有无短路、断路现象。确认故障是由电动机内部部件损坏引起后，再进行拆卸，对内部电刷、电刷架、换向器及轴承、定子永磁体等机械部件进行检修。

换向器与转子作为一个整体安装在电动自行车后轮上

转子

换向器

后轮

定子

轴承和端盖

电刷组件

电刷组件固定在有刷电动机定子上

图 21-10　有刷电动机的内部结构组成

如图 21-11 所示，有刷电动机的供电引线从电动机输出后需要弯曲近 90° 才能引入车体中部与控制器连接，因此应重点检查弯曲部分有无短路或断路情况，以及引线内部所连接的电刷、换向器及转子绕组有无断路故障等。

在正常情况下，有刷电动机供电引线之间应有几欧姆阻值。若在改变引线状态时发现万用表测量阻值有明显的变化，多为引线中存在短路或断路故障，应更换引线或重新接好；若阻值趋于无穷大，说明电动机供电引线线路中存在断路，如引线断路、电刷未与换向器接触、转子绕组断路等。

通过检测有刷电动机供电引线间阻值，若怀疑有刷电动机电刷或电刷架异常，需要对有刷电动机进行拆卸，并找到电刷及电刷架进行直观检查、判断和修复更换，如图 21-12 所示。

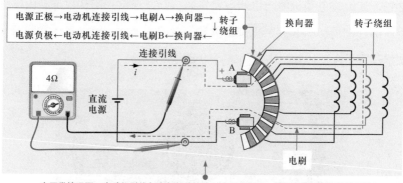

在正常情况下，电动机引线与内部部件构成一个闭合通路，用万用表测两根连接引线之间的阻值应有一定数值，实测阻值相当于电刷、换向器、转子绕组串联后的阻值

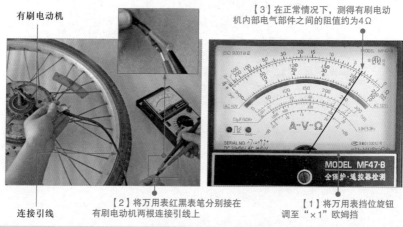

【3】在正常情况下，测得有刷电动机内部电气部件之间的阻值约为4Ω

【2】将万用表红黑表笔分别接在有刷电动机两根连接引线上

【1】将万用表挡位旋钮调至"×1"欧姆挡

图 21-11　有刷电动机短路或断路故障的判断方法

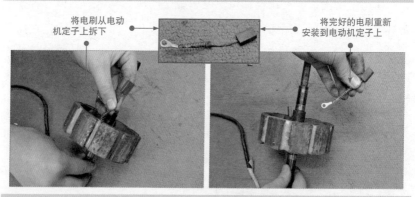

将电刷从电动机定子上拆下

将完好的电刷重新安装到电动机定子上

图 21-12　电刷和电刷架的检修与代换

检查电刷架有无明显变形或磨损，若有明显变形或损坏，则应更换。检查电刷有无磨损严重或明显损坏迹象，若磨损严重或有明显损坏迹象，应找同规格的电刷更换。

2 无刷电动机检修案例

图 21-13 所示为无刷电动机的内部结构组成。可以看到，无刷电动机主要是由定子、转子、霍尔元件、轴承和两侧端盖等组成的。

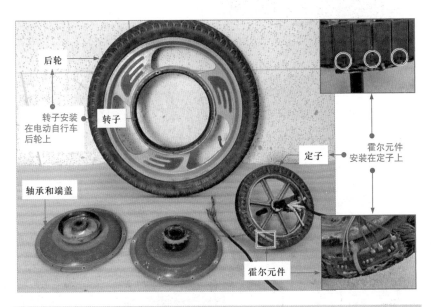

图 21-13　无刷电动机的内部结构组成

霍尔元件是电动自行车无刷电动机中的传感器件。霍尔元件一般被固定在电动机的转子上，如图 21-14 所示。它用于检测转子磁极的位置，以便借助该位置信号控制定子绕组中的电流方向和相位，并驱动转子旋转。

电动自行车无刷电动机中一般设有 3 只霍尔元件，每个霍尔元件有 3 只引脚，分别为供电端、信号端和接地端。

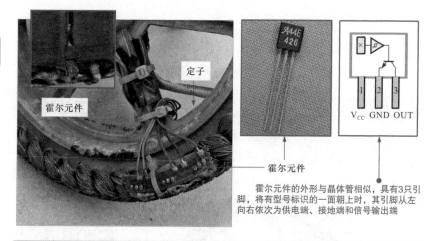

图 21-14　无刷电动机中霍尔元件的外形

　　3 只霍尔元件的供电端共用一根供电引线（红色线），接地端共用一根接地引线（黑色线），信号端分别为 3 根信号线（黄、绿、蓝色线），因此共引出 5 根连接线与控制器连接，如图 21-15 所示。

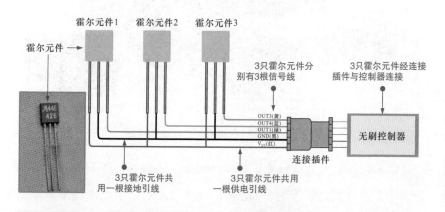

图 21-15　无刷电动机中霍尔元件的接线关系

　　检测无刷电动机霍尔元件是维修实践中的检修重点。霍尔元件作为电动机的位置传感器，决定了电动机的运转状态。若霍尔元件损坏，则电动机将无法正常工作。

霍尔元件的好坏，一般可通过万用表检测霍尔元件信号线与接地线之间正反向阻值的方法进行判断。图 21-16 所示为无刷电动机霍尔元件的输出引线。

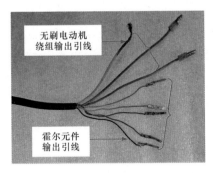

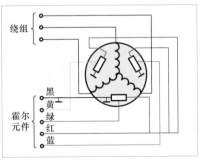

图 21-16　无刷电动机霍尔元件的输出引线

无刷电动机霍尔元件的检测方法如图 21-17 所示。

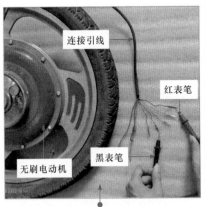

将万用表的挡位旋钮调至"欧姆挡"，黑表笔搭在霍尔元件的黑色接地引线上，红表笔搭在蓝色信号引线(以蓝色信号线为例)上

在正常情况下，测得霍尔元件信号端的正向对地阻值均为24.37MΩ。将万用表红黑表笔位置对调，检测霍尔元件信号端的反向对地阻值，在正常情况下测得的阻值均为无穷大

图 21-17　无刷电动机霍尔元件的检测方法

提示

在正常情况下，无刷电动机中 3 只霍尔元件信号端（黄、蓝、绿色引线）的正向对地阻值均为 24.37MΩ（不同规格电动机霍尔元件的阻值不同，但 3 只霍尔元件阻值应相同），反向对地阻值均为无穷大。若实测阻值异常，说明霍尔元件已损坏。3 个阻值任何两个不同，都可能为相对应的霍尔元件异常，应进行更换——且只要更换霍尔元件，不论是否全部损坏，都需要 3 只同时更换。